基于硬组织信息的茎柔鱼生活史对气候变化的响应

陈新军　胡贯宇　著

科学出版社

北　京

内 容 简 介

本书基于角质颚和耳石的形态学和微化学在东太平洋茎柔鱼生活史研究中的具体应用，探讨气候变化对茎柔鱼生活史的影响。本书分别利用角质颚和耳石的形态学，探讨气候变化事件对茎柔鱼生长和游泳能力的影响；通过在时间序列上对角质颚侧壁进行取样，测定其稳定同位素，较为全面地分析气候变化事件对茎柔鱼洄游特性以及摄食生态学的影响；通过在时间序列上对耳石微结构进行取样，测定其微量元素，重建茎柔鱼的洄游路径，分析气候变化事件对茎柔鱼洄游路径和空间分布的影响。建立一套基于角质颚和耳石的形态学和微化学的大洋性头足类研究技术体系。

本书可供海洋生物、水产和渔业研究等专业的科研人员、高等院校师生及从事相关专业生产、管理的工作人员使用和阅读。

审图号：GS 川(2022)155 号

图书在版编目(CIP)数据

基于硬组织信息的茎柔鱼生活史对气候变化的响应 / 陈新军，胡贯宇著. —北京：科学出版社，2023.6
ISBN 978-7-03-075492-9

Ⅰ.①基… Ⅱ.①陈… ②胡… Ⅲ.①气候变化–影响–柔鱼–海洋渔业–深海生态学–研究 Ⅳ.①Q178.533

中国国家版本馆 CIP 数据核字（2023）第 078474 号

责任编辑：韩卫军 / 责任校对：彭　映
责任印制：罗　科 / 封面设计：墨创文化

科 学 出 版 社 出版
北京东黄城根北街16号
邮政编码：100717
http://www.sciencep.com

成都锦瑞印刷有限责任公司印刷
科学出版社发行　各地新华书店经销

＊

2023 年 6 月第 一 版　　开本：787×1092 1/16
2023 年 6 月第一次印刷　　印张：6
字数：150 000
定价：80.00 元
（如有印装质量问题，我社负责调换）

前　　言

　　茎柔鱼广泛分布于从阿拉斯加湾到智利南部的东太平洋海域，作为捕食者和被捕食者，茎柔鱼在海洋生态系统中扮演着重要的角色。以往的研究发现，茎柔鱼的资源量、生长、摄食习性及分布范围受气候变化事件的影响，因此为了合理利用和保护茎柔鱼渔业资源，应对气候变化对茎柔鱼渔业资源的影响，需要更多地了解和掌握气候变化对茎柔鱼生长、摄食及洄游等生活史过程的影响。角质颚和耳石是头足类的重要硬组织，储存着大量的生物学和生态信息，为此本书通过分析角质颚和耳石的形态学与微化学来探讨茎柔鱼生活史对气候变化事件的响应。

　　本书根据中国鱿钓船于 2013～2016 年在东南太平洋采集的茎柔鱼样本，通过分析茎柔鱼角质颚生长的年间差异，结合尼诺 3.4 区指数和叶绿素 a 浓度来研究气候变化事件对茎柔鱼胴体状况的影响；通过分析茎柔鱼耳石几何形态学的年间差异，结合耳石不同部位功能的差异，研究气候变化事件对茎柔鱼游泳能力的影响；通过在时间序列上对角质颚侧壁进行连续取样，测定其稳定同位素，分析气候变化事件对茎柔鱼洄游特性及摄食生态学的影响；通过在时间序列上对耳石微结构进行连续取样，测定其微量元素，利用回归分析建立微量元素与海面温度的关系，重建茎柔鱼的洄游路径，分析气候变化事件对茎柔鱼洄游路径和空间分布的影响。

　　本书共 6 章。第 1 章为绪论，对研究的背景和国内外有关茎柔鱼的种群结构、日龄与生长、繁殖、摄食生态学、洄游路径，以及角质颚和耳石形态学的研究现状及存在的问题进行分析。第 2 章为气候变化对茎柔鱼角质颚形态与胴体的影响。采用协方差分析检验角质颚斜率的年间差异，结合尼诺 3.4 区指数和叶绿素 a 浓度，探讨茎柔鱼胴体状况和资源量对气候变化事件的响应。第 3 章为气候变化对茎柔鱼耳石形态的影响。利用双因素方差分析检验胴长和年份对耳石形态参数的影响，并利用小波分析法分析耳石几何形态在胴长组和年份间的差异，结合耳石不同部位功能的差异，探讨气候变化事件对茎柔鱼游泳能力的影响。第 4 章为气候变化对茎柔鱼营养模式的影响。测定东南太平洋茎柔鱼下角质颚侧壁边缘的稳定同位素，利用 GAM 建立碳、氮稳定同位素与胴长、纬度和离岸距离的关系，分析不同年份茎柔鱼营养模式的差异，探讨气候变化事件对茎柔鱼洄游特性及摄食生态学的影响。第 5 章为气候变化对茎柔鱼不同生活史阶段生态位的影响。通过在时间序列上对角质颚侧壁进行连续取样，测定其稳定同位素，利用 GLM 分析性别、生活史阶段、年份和地理区域对碳、氮稳定同位素的影响，对不同性别、生活史阶段、年份和地理区域的生态位进行比较，探讨气候变化事件对茎柔鱼不同生活史阶段生态位的影响。第 6 章为气候变化对茎柔鱼洄游路径的影响。测定秘鲁外海茎柔鱼不同年份不同生活史阶段耳石的微量元素，采用双因素方差分析检验年份和生活史阶段对微量元素的影响，利用多元回归分析建立茎柔鱼耳石微量元素与海面温度的关系，并利用 R 语言重建茎柔鱼的洄游路径，探讨气候变化事件对茎柔鱼洄游路径和空间分布的影响。

本书得到国家"双一流"学科（水产学）、国家远洋渔业工程技术研究中心、大洋渔业可持续开发教育部重点实验室、农业部大洋性鱿鱼资源可持续开发创新团队等专项，以及国家重点研发计划（2019YFD0901404）和国家自然科学基金项目（编号NSFC41876141）资助。

本书系统性和专业性强，可供从事海洋科学、水产和渔业研究的科研人员使用。由于时间仓促，覆盖内容广，且国内同类参考资料较少，因此本书难免存在疏漏，望读者提出批评和指正。

目　　录

第1章 绪 论

茎柔鱼(*Dosidicus gigas*)隶属头足纲(Cephalopoda)，鞘亚纲(Coleoidea)，十腕总目(Decabrachia)，枪形目(Teuthoidea)，开眼亚目(Oegopsida)，柔鱼科(Ommastrephidae)，茎柔鱼属(*Dosidicus*)(陈新军等，2009)。在东太平洋，茎柔鱼是最重要的目标经济种类之一(Nigmatullin et al.，2001；Arkhipkin et al.，2015)。作为捕食者和被捕食者，茎柔鱼在海洋生态系统中扮演着重要的角色(Lu and Ickeringill，2002；Field et al.，2007)。在柔鱼类中，茎柔鱼是个体较大、资源量较为丰富的种类，广泛分布在从阿拉斯加湾到智利南部的东太平洋海域(Taipe et al.，2001；Field et al.，2007；Zeidberg and Robison，2007)(图1-1)。

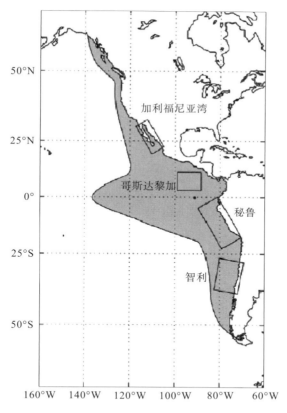

图 1-1　茎柔鱼分布图(长方形内为主要作业渔场区域)

据联合国粮食及农业组织(Food and Agriculture Organization of the United Nations，FAO)统计，2001 年全世界茎柔鱼总产量为 21.5×10⁴t，随后呈现上升的趋势，2004～2016 年，

尽管全世界茎柔鱼的总产量有所波动，但均保持在 $60×10^4$t 以上，2014 年达到历史最高产量，为 $116.2×10^4$t，2014 年中国茎柔鱼产量为 $33.3×10^4$t，为历史最高产量；2014～2016年，全世界茎柔鱼的产量呈现下降的趋势，2016 年全世界茎柔鱼总产量为 $74.7×10^4$t，2016年中国茎柔鱼产量为 $22.3×10^4$t（图 1-2）。目前，茎柔鱼已成为中国渔业重要的目标种类。

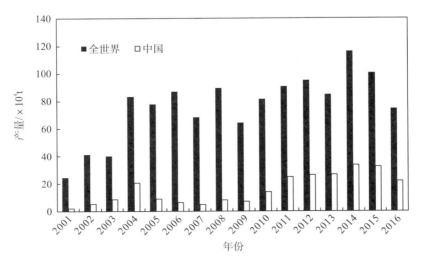

图 1-2　2001～2016 年茎柔鱼产量图

　　茎柔鱼是短生命周期种类，其资源量极易受环境变化的影响（Waluda and Rodhouse，2006；Yu et al.，2017；Yu and Chen，2018）。在厄尔尼诺事件期间，水温异常升高，上升流减弱并伴随着暖的营养盐贫乏的海水，不利于茎柔鱼的生存，导致茎柔鱼产量较低（Waluda and Rodhouse，2006；Yu et al.，2016）。然而，在拉尼娜事件期间，上升流增强并伴随着冷的营养盐丰富的海水，叶绿素 a 浓度较高，有利于茎柔鱼的生存，茎柔鱼产量较高（Robinson et al.，2013；Yu et al.，2016）。在暖期和冷期及捕食者减少的情况下，茎柔鱼的分布可能扩张（Zeidberg and Robison，2007；Keyl et al.，2008），而且茎柔鱼的个体大小和生命周期也受温度的影响（Hoving et al.，2013；Arkhipkin et al.，2014）。此外，在厄尔尼诺事件的影响下，茎柔鱼的食性也会发生变化（Markaida，2006；Li et al.，2017）。由此，本书旨在探讨在东太平洋频繁发生的气候变化事件——厄尔尼诺事件对茎柔鱼的生长、游泳能力、摄食习性及洄游路径的影响。

　　耳石是位于平衡囊内的一对钙化组织，具有稳定的形态结构，储存着大量的生物学和生态学信息，被广泛应用于头足类的日龄鉴定（Takagi and Yatsu，1996；Arkhipkin，2005；Chen et al.，2013；胡贯宇等，2015）。而且，耳石具有探测速度和维持平衡的作用，其形态可以反映头足类的游泳能力（Arkhipkin，2005；Arkhipkin and Bizikov，2000）。在以往的研究中，外界环境被认为是影响耳石的重要因素（Hüssy，2008；Neat et al.，2008；Delerue-Ricard et al.，2019），因此气候变化事件可能影响耳石的形态，从而影响茎柔鱼的游泳能力。此外，与鱼类的耳石相似，头足类耳石具有蛋白质和文石交替沉积的生长纹（Clarke，1978；Jackson，1994），物质沉积贯穿于生物体的整个生命周期，因此耳石微化学被广泛应用于头足类栖息环境和生活史信息的研究(Arkhipkin et al.，2004；Zumholz et al.，2007b；Yamaguchi et al.，2015)。

角质颚是头足类的重要摄食器官,主要由几丁质和蛋白质组成,具有稳定的形态结构,储存着大量的生活史信息(Clarke，1962；Miserez et al.，2007)。角质颚的大小和硬度影响茎柔鱼的捕食能力,角质颚形态的变化暗示着被捕食者的大小和种类的转变(Castro and Hernández-García，1995；Franco-Santos and Vidal，2014；胡贯宇等，2016；胡贯宇等，2017a)。在生长过程中,角质颚物质的沉积是连续的、不可逆的,并记录着头足类整个生活史过程的全部信息(Cherel and Hobson，2005；Guerra et al.，2010；Queirós et al.，2018),被广泛应用于头足类摄食生态学的研究(Hobson and Cherel，2006；Ruiz-Cooley et al.，2006)。角质颚侧壁内表面生长纹的日周期性已被证实(Canali et al.，2011),因此角质颚侧壁的稳定同位素能够反映个体生活史的全部信息。

为了促进公海渔业资源的可持续开发和利用,太平洋、印度洋和大西洋三大洋区域性渔业管理组织相继成立,其中南太平洋区域渔业管理组织出台了《南太平洋公海渔业资源养护和管理公约》,并于 2012 年 8 月 24 日正式生效,茎柔鱼、智利竹筴鱼等渔业资源被纳入管理范围。因此,为了合理利用和保护茎柔鱼渔业资源,应对气候变化对茎柔鱼渔业资源的影响,增强我国在国际性渔业管理组织中的话语权,维护我国海洋渔业权益,需要更多地了解和掌握气候变化对茎柔鱼生长、摄食及洄游等生活史过程的影响。为此,本书拟通过分析茎柔鱼角质颚生长的年间差异,并结合尼诺 3.4 区指数和环境因子来研究气候变化事件对茎柔鱼胴体状况的影响;通过分析茎柔鱼耳石几何形态学的年间差异,结合耳石不同部位功能的差异,研究气候变化事件对茎柔鱼游泳能力的影响;通过在时间序列上对角质颚侧壁进行连续取样,测定其稳定同位素,分析气候变化事件对茎柔鱼洄游特性以及摄食生态学的影响;通过在时间序列上对耳石微结构进行连续取样,测定其微量元素,重建茎柔鱼的洄游路径,分析气候变化事件对茎柔鱼洄游路径和空间分布的影响,为全面掌握气候变化事件对茎柔鱼的生长、游泳能力、摄食习性及洄游路径的影响提供科学依据。

1.1　茎柔鱼生活史研究

1.1.1　种群结构

头足类种群结构的研究方法有很多,可以利用形态学对种群进行划分,根据不同地理区域对群体进行划分,根据对日龄的判读来推算不同的产卵群体,以及利用分子生物学来鉴别不同的种群等。

1. 形态学

Argüelles 等(2001)通过分析秘鲁茎柔鱼耳石的微结构,将茎柔鱼划分为两个种群,其中胴长小于 490mm 的为小个体群体,胴长大于 520mm 的为大个体群体。Nigmatullin 等(2001)根据性成熟个体的胴体大小,将茎柔鱼划分为 3 个不同的群体。易倩等(2012a)

认为秘鲁和智利外海的茎柔鱼均由大型群和小型群组成,茎柔鱼外部形态特征判别种群的正确率在60%以上。

2. 不同地理区域

Liu 等(2015a)分析了厄瓜多尔、秘鲁和智利外海的茎柔鱼及其角质颚的形态变量,发现不同地理群体间存在差异,利用这些形态变量可以有效判别不同地理群体。Wormuth(1970)通过研究茎柔鱼的个体大小,发现在赤道以北海域胴长大于 400mm 的个体很稀少,然而在赤道以南海域可以见到胴长大于 1m 的个体。Liu 等(2013a)通过分析不同地理区域的茎柔鱼整个耳石微量元素的差异性,认为耳石微量元素可以用于判别不同地理群体的茎柔鱼。同时,通过分析哥斯达黎加、秘鲁和智利外海茎柔鱼生长初期耳石的微量元素,认为早期耳石微量元素可以用来区分不同地理群体和鉴定出生地,发现茎柔鱼至少有两个洄游种群,分布在东太平洋的北部和南部(Liu et al.,2015b)。

3. 不同的产卵群体

根据产卵日期的不同可以将头足类划分为不同的群体,进而可以研究不同产卵群体的生长模式(Arkhipkin,2005)。Argüelles 等(2001)将秘鲁海域的茎柔鱼划分为小个体群体和大个体群体,然后根据产卵季节分别对大、小群体茎柔鱼的生长模式进行了分析。Liu 等(2013b)通过分析秘鲁外海茎柔鱼耳石的微结构,推算其孵化日期,发现茎柔鱼为全年产卵,将其划分为冬春生群体和夏秋生群体。此外,Liu 等(2015c)对智利外海茎柔鱼不同产卵群体耳石的微量元素进行了分析,发现耳石微量元素可以用来划分不同的产卵群体,并认为耳石微量元素可用于种群结构和栖息环境的研究。

4. 分子生物学

进入 21 世纪以后,随着分子生物学的迅速发展,分子生物技术也越来越多地被应用于头足类种群结构的研究,其中包括微卫星 DNA、线粒体 DNA(mitochondrial DNA,mtDNA)及随机扩增多态性 DNA(randomly amplified polymorphic DNA,RAPD)分析等。Sandoval-Castellanos 等(2007)采用 RAPD 法分析了墨西哥、秘鲁及智利海域茎柔鱼的种群结构,发现相同地理区域不同年份茎柔鱼的遗传差异性不显著,根据遗传结构可将茎柔鱼划分为南半球群体和北半球群体。Sandoval-Castellanos 等(2010)利用线粒体 DNA 法得到相同的结论,并认为茎柔鱼南北半球的分化发生在一万年内。

刘连为等(2014)利用线粒体 DNA(mtDNA)和微卫星 DNA 标记对秘鲁外海(10°~18°S)茎柔鱼大型群体和小型群体的遗传变异进行分析,发现这两个群体不存在遗传分化。利用线粒体 DNA 分子标记进行茎柔鱼群体间遗传多样性分析发现,赤道海域(3°N~5°S)群体和秘鲁外海(10°~11°S)群体不存在显著的遗传差异(刘连为等,2013)。然而,利用多态性微卫星 DNA 位点进行分析发现,赤道海域群体和秘鲁外海群体均显示出较高的遗传多样性,两个群体间存在显著的遗传分化,这可能是因为微卫星 DNA 标记在检验群体遗传分化时更为敏感,能够检测出线粒体 DNA 分子标记不能反映的种群遗传结构(刘连为等,2015)。Sanchez 等(2016)利用 mtDNA 和微卫星 DNA 标记研究了秘鲁海域茎柔鱼群体的组成，样本采集于秘鲁北部 $(4°\sim10°S)$ 和秘鲁中南部 $(11°\sim16°S)$，同时包括大个体群体和小个体群体的样本，利用微卫星 DNA 标记发现，地理群体间及个体大小群体间的差异性不显著，利用 mtDNA 标记发现，大个体群体和小个体群体间存在显著的遗传分化。本研究认为，Sanchez 等(2016)与刘连为等(2013，2014，2015)的研究结果出现差异的原因有两方面：一方面，Sanchez 等(2016)的研究根据茎柔鱼的个体大小对群体进行划分时，并没有将不同地理区域的个体分开，遗传分化可能是个体大小和地理区域共同作用的结果；另一方面，可能是遗传漂变对 mtDNA 和微卫星 DNA 的影响不同。

茎柔鱼的种群结构复杂，对其种群划分目前仍没有定论，但各国学者普遍认为可将茎柔鱼划分为北半球群体和南半球群体(Sandoval-Castellanos et al.，2007，2010；Liu et al.，2015b)。然而，种群内部可能有亚种群的存在。例如，茎柔鱼的南半球群体又可划分为秘鲁和智利两个群体(Liu et al.，2015a)，每个地理群体的茎柔鱼又可能由不同的个体大小群体组成(Nigmatullin et al.，2001)。因此，在研究茎柔鱼的种群结构时应利用形态学、微化学及分子生物学等多种方法并结合海洋学进行综合分析。

1.1.2　日龄与生长

日龄与生长是鱼类生物学研究最基本的内容之一，掌握鱼类的日龄与生长对种群生态学的研究及渔业资源的保护和管理具有重要的作用(Thorrold et al.，2001；Gillanders，2002)。头足类日龄与生长早期的研究以体长频度法为主(Nesis，1970)，然而体长频度法并不适用于头足类，头足类不仅生长迅速、个体大、生命周期短、常年产卵，而且具有洄游习性，导致不同世代的群体混合在一起，在进行日龄和生长的分析时无法排除不同群体之间的干扰(Jackson and Choat，1992；Jackson et al.，2000)。

耳石是位于平衡囊内的一对钙化组织，在游动过程中具有探测身体速度的作用，耳石储存着大量的信息，被形象地称为生命记录的"黑匣子"(Arkhipkin，2005)。Young(1960)最先在真蛸耳石中发现了生长纹，Lipinski(1979)提出了"一日一轮"的假说，随后头足类耳石生长纹的沉积具有日周期性的假说被证实(Hurley et al.，1985；Dawe et al.，1985)，此后耳石便成为被应用于头足类日龄鉴定的最常用的硬组织(Bettencourt and Guerra，2000；Semmens and Moltschaniwskyj，2000)。

一般认为，茎柔鱼的生命周期约为 1 年，然而大个体群体中一些个体较大的茎柔鱼生命周期可达 $1.5\sim2$ 年(Nigmatullin et al.，2001)，而且不同年份、不同地理区域茎柔鱼的生长也有所差异(表 1-1)。Liu 等(2013b)利用耳石微结构研究了秘鲁外海茎柔鱼的日龄和生长，发现日龄为 $144\sim633d$，冬春季产卵群体的日龄与胴长符合线性模型，夏秋季产卵群体的日龄与胴长符合幂函数模型。Chen 等(2011)利用耳石微结构估算了智利外海茎柔鱼的日龄，雌性个体的日龄为 $150\sim307d$，雄性个体的日龄为 $127\sim302d$，春季产卵群体的茎柔鱼日龄与胴长和体重分别符合线性模型和指数模型，秋季产卵群体的茎柔鱼日龄与胴长和体重分别符合幂函数模型和指数模型。在墨西哥加利福尼亚湾，茎柔鱼的日龄与胴长符合逻辑斯谛模型，胴长的绝对生长率(即日生长率，day growth rate，DGR)大于 2mm/d 的时间能超过 5 个月，雌性个体在 $230\sim250d$ 达到最大 DGR(2.65mm/d)，雄性个体在 $210\sim$

230d 达到最大 DGR（2.44mm/d）（Markaida et al.，2004）。Zepeda-Benitez 等（2014a）研究了加利福尼亚湾茎柔鱼早期的年龄与生长，利用耳石估算茎柔鱼的日龄，所采集样本的日龄为 1～59d，日龄与胴长的关系最符合 Schnute 模型，绝对生长速率为 0.03～1.66mm/d，稚鱼的生长速率高于仔鱼。此外，Zepeda-Benitez 等（2014b）研究了墨西哥加利福尼亚湾日龄为 1～450d 的茎柔鱼，通过对多种模型比较发现，日龄与胴长的关系符合 Schnute 模型。在下加利福尼亚西部沿岸海域，雌性个体在 220d 达到最大 DGR（2.09mm/d），雄性个体在 200d 达到最大 DGR（2.1mm/d）（Mejia-Rebollo et al.，2008）。在哥斯达黎加外海，茎柔鱼的日龄与胴长符合线性模型，雌性和雄性个体的年龄与体重分别符合指数模型和幂函数模型，雌性茎柔鱼的胴长在 180～210d 生长率达到最大，最大 DGR 和最大瞬时生长率（G）分别为 1.46mm/d 和 0.52，雄性茎柔鱼的胴长在 150～180d 生长率达到最大 DGR（2.07mm/d）和最大 G（0.85）（Chen et al.，2013）。

表 1-1　不同地理区域茎柔鱼的生长模式

地理区域	材料	采样时间	性别	胴长/mm	生长模型	文献
加利福尼亚湾	耳石	1995～1997 年	M，F	108～875	Logistic	Markaida et al.，2004
加利福尼亚湾	耳石	2000～2002 年	M，F	210～930	Gompertz	Velázquez et al.，2013
加利福尼亚湾	耳石	2006～2007 年	M，F	3.4～910	Schnute	Zepeda-Benitez et al.，2014a
加利福尼亚湾	耳石	2006～2007 年	M，F	2.8～67.8	Schnute	Zepeda-Benitez et al.，2014b
下加利福尼亚沿岸	耳石	2004 年	M，F	210～830	Logistic	Mejia-Rebollo et al.，2008
哥斯达黎加外海	耳石	2009 年 7～8 月	M，F	205～429	线性	Chen et al.，2013
赤道海域	角质颚	2013 年 4～6 月	M，F	221～380	线性	Liu et al.，2016
秘鲁外海	耳石	2008～2010 年	M，F（冬春季产卵群体）	159～700	线性	Liu et al.，2013a
秘鲁外海	耳石	2008～2010 年	M，F（夏秋季产卵群体）	159～1149	指数	Liu et al.，2013b
秘鲁外海	角质颚	2013 年 7～10 月	M，F	205～405	指数	Hu et al.，2016a
智利外海	耳石	2007～2008 年	M，F（春季产卵群体）	206～702	线性	Chen et al.，2011
智利外海	耳石	2007～2008 年	M，F（秋季产卵群体）	206～702	幂函数	Chen et al.，2011
智利外海	角质颚	2010 年 4～6 月	M，F	225～529	线性	Liu et al.，2016

注：M 为雄性；F 为雌性。

　　Arkhipkin 等（2014）研究了外界温度对茎柔鱼成体大小和生命周期的影响，证实了海面温度与茎柔鱼生命周期的长短呈负相关关系，即温度高的海域，茎柔鱼生命周期短，成体的个体较小；温度低的海域，茎柔鱼生命周期长，成体的个体较大。此外，小个体群体被发现主要分布在赤道附近，大个体群体主要分布在高纬度海域，中个体群体与小个体群体、大个体群体有混合现象（Nigmatullin et al.，2001）。这可能是因为在温度较高的环境下，茎柔鱼性成熟加快，个体较小（Argüelles et al.，2001；Arkhipkin et al.，2014），相反，在温度较低的环境下，茎柔鱼性成熟缓慢，个体较大。Keyl 等(2011)利用模态连续分析法研究茎柔鱼生长的年间变化，发现生长快速的群体出现在适度冷的时期，具有中等的生命周期并且个体较大，生长慢的群体出现在极端的生态系统条件下(厄尔尼诺和拉尼娜事件)，个体较小。Ferreri(2014)通过研究茎柔鱼胴长和体重的关系，发现在不同地理区域、年份、季节、种群及环境条件下，茎柔鱼的体长-体重参数和外形指数具有很大差异，而且 Fulton 系数对茎柔鱼来说是最有效的外形指数。

角质颚是头足类的主要摄食器官，角质颚的喙部矢状切面和侧壁上均具有生长纹结构(Hernández-López et al.，2001；Liu et al.，2015d)。胡贯宇等(2015)分析了茎柔鱼耳石、上角质颚和下角质颚的微结构，并对微结构的生长纹进行了差异性比较。发现上颚和下颚的轮纹数均与耳石轮纹数呈线性相关关系，并且直线的斜率与 1 差异性不显著($P >$ 0.05)，相关系数均接近 1，表明上、下角质颚的微结构均能用于茎柔鱼日龄的鉴定。Liu 等(2015d)对角质颚的研磨技术进行了改进，茎柔鱼角质颚的研磨成功率为 71.7%，并且利用上角质颚微结构分别对厄瓜多尔和智利外海茎柔鱼的日龄和生长进行了研究，发现这两个地理群体茎柔鱼的日龄结构存在显著差异，但生长纹宽度的差异性不显著(Liu et al.，2017)。Hu 等(2016b)利用角质颚微结构对秘鲁外海茎柔鱼的日龄进行了估算，并拟合了茎柔鱼的生长曲线，发现与 Liu 等(2013b)的研究结果相似，并认为所采集的样本可能由小个体群体和中个体群体组成。

茎柔鱼的日龄鉴定主要是通过分析耳石微结构实现的(Mejia-Rebollo et al.，2008)，近年来，茎柔鱼角质颚喙部矢状切面生长纹的日周期性也被证实(胡贯宇等，2015；Liu et al.，2017)。在其他头足类种类的研究中，Hernández-López 等(2001)研究了真蛸(*Octopus vulgaris*)角质颚侧壁上的生长纹，发现上角质颚侧壁内表面的生长纹沉积具有规律性，并通过养殖实验证实了上角质颚侧壁生长纹的沉积具有日周期性。在内壳生长纹的研究中，滑柔鱼(*Illex illecebrosus*)(Perez et al.，1996)和普氏枪乌贼(*Loligo plei*)(Perez et al.，2006)介壳层生长纹的日周期性已被证实。与耳石和角质颚微结构的生长纹相比，角质颚侧壁内表面和内壳介壳层的生长纹更容易获得，处理过程更加简单快捷，因此在今后的研究中应探讨角质颚侧壁内表面和内壳介壳层的生长纹用于估算茎柔鱼日龄的可行性。

1.1.3　繁殖

1. 性成熟

不同地理区域的海洋环境不同，茎柔鱼的生长和性成熟的情况也会有所不同。通过分析不同地理区域的性成熟胴长可以发现，与其他海域相比，在纬度较高的海域(加利福尼亚湾和智利海域)，茎柔鱼的性成熟胴长较大(表 1-2)，这与 Nigmatullin 等(2001)的研究结果相似，而且温度被认为是影响性成熟胴长的主要环境因素(Argüelles et al.，2001；Arkhipkin et al.，2014)。

表 1-2 不同地理区域茎柔鱼的性成熟胴长及雌雄比例

地理区域	采样时间	性成熟胴长/mm	雌雄比例	文献
加利福尼亚湾	1995～2002 年	♀ 370～790 ♂ 330～670	1.8～2.3∶1	Markaida and Sosa-Nishizaki，2001；Markaida et al.，2004；Velázquez et al.，2013
下加利福尼亚半岛西部沿岸	2004 年 1～10 月	♀ 240～820 ♂ 220～680	2.9∶1	Mejia-Rebollo et al.，2008
哥斯达黎加外海	2009～2010 年	♀ >297 ♂ >211	3.75∶1	Chen et al.，2013
厄瓜多尔专属经济区	2013～2014 年	♀ >324	7∶1	Morales-Bojórquez and Pacheco-Bedoya，2016
厄瓜多尔外海	2011～2012 年	♀ >397	2.59∶1	陈新军等，2012
秘鲁专属经济区	1991～1995 年	♀ >282 ♂ >213	0.99～2.85∶1	Tafur and Rabí，1997；Tafur et al.，2001
秘鲁外海	2001～2010 年	♀ >374 ♂ >228	2.52～3.99∶1	叶旭昌和陈新军，2007；刘必林等，2016
智利专属经济区	2003～2005 年	♀ >710 ♂ >660	1.25～4.5∶1	Ulloa et al.，2006；Ibáñez and Cubillos，2007
智利外海	2006～2008 年	♀ >638 ♂ >565	2.48∶1	Liu et al.，2010

注：♂为雄性；♀为雌性。

2. 交配和产卵

茎柔鱼的产卵场主要分布在加利福尼亚湾中部海域(Markaida et al.，2004；Gilly et al.，2006a；Camarillo-Coop et al.，2011)、下加利福尼亚半岛西部沿岸(Mejia-Rebollo et al.，2008；Ramoscastillejos et al.，2010)、秘鲁沿岸(Tafur et al.，2001)和智利中部外海(Ibáñez et al.，2015)。

茎柔鱼是多次产卵的物种，在整个生命周期中只有一个产卵季节(Nigmatullin et al.，2001；Hernández-Muñoz et al.，2016)。其交配方式为头对头拥抱式，交配时雄性个体将精荚放入雌性个体的口腔黏膜中，交配时间约为 50s。茎柔鱼在近表水层产卵，产卵周期较长，而且为分批产卵。大的雌性个体在头足类中的繁殖力最高，可达 3200×10^4 粒卵，潜在繁殖力通常在 30×10^4～1300×10^4 粒(Nigmatullin et al.，2001)。

茎柔鱼受精卵的形状为椭圆形，其最大直径为 1.0mm，受精卵的发育可分为 5 个阶段共 26 期，能够发育并孵化的温度为 15～25℃。在此温度范围内，温度越高，卵的发育速度越快(Staaf et al.，2011)，茎柔鱼的成体所能适应的温度为 7～30℃(Gilly et al.，2006b)。

Staaf 等(2008)在加利福尼亚湾深度为 16m 的海水中发现了茎柔鱼的卵块，海水温度为 25～27℃，卵包被在湿润的凝胶状基质中，并单独地被绒毛膜外的包膜包裹着，然而该包膜不出现在人工繁殖的受精卵中。通过观察野生茎柔鱼仔鱼，发现孵化后的前 3 天，野生仔鱼的胴长、胴宽、头宽和吻长增长迅速，然而 3d 后仔鱼的大部分形态保持不变，胴长稍有减小(表 1-3)。刚开始生长所需要的能量主要来自卵黄，随后可能因为饥饿生长缓慢。

表 1-3　野生茎柔鱼仔鱼的形态

日龄/d	样本数	胴长/mm	胴宽/mm	吻长/mm	头宽/mm
0	10	1.02±0.08	0.80±0.04	0	0.60±0.05
3	4	1.55±0.17	1.29±0.13	0.55±0.06	0.79±0.06
6	4	1.36±0.08	1.27±0.05	0.55±0.08	0.75±0.09

Yatsu 等（1999）对秘鲁海域的茎柔鱼进行人工授精，发现受精后 6～9d 开始孵化，将刚孵化的个体放置在 18℃的海水中，仔鱼在孵化后不摄食的状态下可以存活 10d 以上。刚孵化个体的胴长为 0.9～1.3mm，孵化后 7d 增长到 1.1～1.5mm（图 1-3），日龄与胴长（mantle length，ML）的关系为 ML（mm）=0.34×日龄+1.1429。

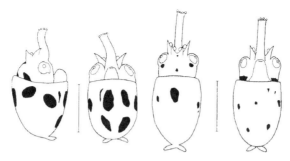

图 1-3　两尾 6d 茎柔鱼仔鱼姿态和色素体模式（竖线长度为 1mm）

1.1.4　摄食生态学

在海洋生态系统中，茎柔鱼处于食物链的中间位置，既是许多大型鱼类、海鸟及海洋哺乳动物的重要捕食对象，又是主动的捕食者，主要捕食的种类为浮游动物、甲壳类、鱼类和头足类，在海洋生态系统中具有重要地位（Nigmatullin et al.，2001）。研究头足类摄食生态学的方法主要包括胃含物分析和稳定同位素分析。

1. 胃含物分析

作为传统的生物食性分析方法，胃含物分析法被广泛应用于茎柔鱼食性的研究，该方法主要是通过对胃含物中残留的耳石、角质颚、鳞片、骨骼及其他硬组织进行分析来鉴定被捕食者的种类（Field et al.，2007）。

Camarillo-Coop 等（2013）对加利福尼亚湾茎柔鱼早期生长阶段的消化系统进行了分析，并把食物分为可辨别的物质和不可辨别的物质。发现在仔鱼的消化系统中只有不可辨别的物质，而且这些食物主要存在于盲肠而不是胃中；在稚鱼的消化系统中，可辨别的物质主要在胃中，而且随着茎柔鱼个体的增大，被捕食者的数量和种类也逐渐增加。在加利福尼亚湾，在所有胴长组的茎柔鱼中，灯笼鱼在胃含物中出现的频率最高（40%～70%），头足类出现的频率较低（20%～30%）；胴长小于 31cm 时，甲壳类出现的频率为 40%～60%，随后急剧下降（Markaida，2006）。茎柔鱼的食性在月份和空间上具有很大差异，在不同个体大小和性别间的差异较小（Markaida and Sosa-Nishizaki，2003）。

在加利福尼亚海流系统，茎柔鱼在离岸海域主要摄食中上层鱼类和头足类，在沿岸海域摄食的种类更广，包括大量的近岸上层鱼类和底层鱼类(Field et al., 2013)。Field 等(2007)研究发现，随着茎柔鱼个体的增大，其最主要的被捕食者的大小组成变化小，而被捕食者个体大小的范围增大，表明茎柔鱼可捕食的食物范围更广，适应能力更强。随着个体的生长和性腺成熟度等级的提高，茎柔鱼角质颚的长度及色素沉着等级也逐渐增大，表明茎柔鱼具有更大、更坚硬的角质颚来捕食更多种类的被捕食者，以及捕获更大个体的被捕食者，使其变得更加强壮以应对和适应复杂的生态环境(Hu et al., 2016a；胡贯宇等，2017a)。

在厄瓜多尔沿岸海域，茎柔鱼主要摄食鱼类和头足类，其中珍灯鱼(*Lampanyctus* sp.)和粗鳞灯笼鱼(*Myctophum* sp.)是最重要的食物，在不同性别、个体大小和性成熟度间茎柔鱼的食物资源没有差异。

在秘鲁外海，胴长为 200～250mm 的茎柔鱼胃含物中未发现鱼类，然而胴长为 250～600mm 的茎柔鱼胃含物中鱼类的比例最高(贾涛等，2010)。

Ibánez 等(2008)研究发现茎柔鱼的食物组成与不同渔业的目标种有关，如对捕捞竹筴鱼(*Trachurus murphyi*)的围网船捕获的茎柔鱼研究发现，茎柔鱼的捕食对象主要是竹筴鱼；对捕捞智利无须鳕(*Merluccius gayi*)的拖网船捕获的茎柔鱼研究发现，茎柔鱼的捕食对象主要是智利无须鳕，因此应该分析鱿钓渔业在相同的时间和地点采用拖网和围网作业所采集的样本以消除误差。

2. 稳定同位素分析

与胃含物分析法相比，稳定同位素技术具有诸多优势，不仅能反映生物长期的食性，还能更加快捷地进行定量研究，正确地指示食物的来源(李云凯等，2014)。在水生生态系统中，碳稳定同位素比值($\delta^{13}C$)可用于分析食物的来源和食性的转化，而氮稳定同位素比值($\delta^{15}N$)可以确定研究对象在食物链中的营养层级(Post et al., 2000；Post，2002)。

Ruiz-Cooley 等(2006)测定了茎柔鱼肌肉和角质颚的碳、氮稳定同位素，发现成熟的大个体茎柔鱼有更高的营养层级，肌肉和角质颚的稳定同位素比值显著相关，肌肉的稳定同位素比值高于角质颚。而且，Ruiz-Cooley 等(2010)发现在加利福尼亚湾不同站点采集的茎柔鱼内壳的 $\delta^{15}N$ 存在差异，认为这可能是因为不同地理区域的生化循环存在差异，稳定同位素可以用于区分不同的地理群体。Lorrain 等(2011)对茎柔鱼内壳进行连续取样，发现 $\delta^{13}C$ 和 $\delta^{15}N$ 在个体生长过程中均有较大的差异，表明茎柔鱼在整个生命周期中经历一次或几次洄游，其食性在个体水平上也具有较高的多样性。Li 等(2017)对内壳进行连续取样，通过分析内壳稳定同位素研究了秘鲁外海茎柔鱼营养模式的年间差异，认为厄尔尼诺事件可能减小茎柔鱼在摄食和洄游中营养模式的变化，在时间序列上对内壳进行连续取样可以追溯茎柔鱼个体生长过程中营养模式及洄游模式的变化。

近年来，稳定同位素技术越来越多地被用于茎柔鱼摄食生态学的研究，然而仅通过测定茎柔鱼各组织的稳定同位素并不能完全确定其食性，需要结合传统的胃含物分析来分析茎柔鱼的摄食习性(李云凯等，2014)。在已有的研究中，硬组织稳定同位素的分析被广泛用于茎柔鱼的食性研究(Lorrain et al., 2011；Li et al., 2017)，其优点在于通过对硬组织的连续取样可以分析茎柔鱼在时间序列上的食性转变，然而目前硬组织日龄水平上的精确取样并没有解决,不能精确地研究茎柔鱼的食性变换,因此在今后的研究中应尝试解决硬组织精确取样的问题。此外,应确定不同栖息地稳定同位素的基线信息,并结合脂肪酸分析,以及特定化合物稳定同位素来研究茎柔鱼的食性。

1.1.5 洄游路径

头足类洄游的研究方法主要包括标志重捕、电子标记、化学标记、自然标记和追踪渔船(Semmens et al.,2007),目前茎柔鱼洄游特性的研究主要是利用标志重捕(Markaida et al.,2005)、电子标记(Gilly et al.,2006b)和自然标记(Liu et al.,2016;Lorrain et al.,2011)来实现的。

在加利福尼亚湾,茎柔鱼的产卵场主要分布在圣佩德罗马蒂尔岛与圣罗萨莉娅之间的海域,以及圣罗萨莉娅与瓜伊马斯之间的海域(图 1-4)(Camarillo-Coop et al.,2011)。Markaida 等(2005)利用传统的标志重捕实验并结合渔场位置的变化,证实了加利福尼亚湾茎柔鱼在圣罗萨莉娅海域和瓜伊马斯海域的季节性洄游,11 月~次年 5 月,茎柔鱼主要栖息在瓜伊马斯沿岸海域,5~11 月,茎柔鱼主要分布在圣罗萨莉娅沿岸海域(图 1-4)。茎柔鱼在加利福尼亚湾中部海域东、西岸分布的变化与季节性的风生上升流有关(Roden and Groves,1959)。然而,茎柔鱼从太平洋到加利福尼亚湾,以及从加利福尼亚返回到太平洋的洄游模式仍不可知。Gilly 等(2006b)利用电子标记法研究茎柔鱼的水平和垂直洄游,发现茎柔鱼游泳速度大于 30km/d,白天大部分时间在 250m 水深以下,黄昏时分游向表层摄食,茎柔鱼会持续在表层和最小含氧层摄食。

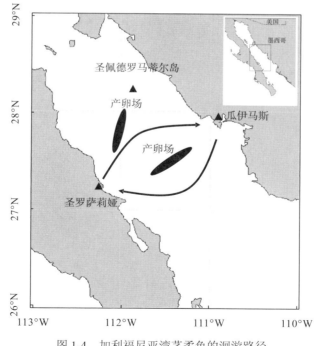

图 1-4 加利福尼亚湾茎柔鱼的洄游路径

注:黑色箭头代表洄游路线

在加利福尼亚海流系统，茎柔鱼在下加利福尼亚半岛西部沿岸产卵（Ramoscastillejos et al.，2010），在夏、秋季向北加利福尼亚海流系统索饵洄游，在秋季末或冬季初返回墨西哥沿岸产卵（图 1-4）（Stewart et al.，2012；Field et al.，2013）。Stewart 等（2012）对 5 尾加利福尼亚中部的成鱼进行了电子标记，在整个标记过程中（2.7～17.6d），所有的茎柔鱼表现出昼夜垂直洄游和向南或向西（离岸）洄游，该研究还利用模型估算了茎柔鱼每一天可能的位置。Stewart 等（2013）利用声学标记探测了茎柔鱼在华盛顿大陆架的近岸-离岸移动，证实声学标记可以用于研究茎柔鱼沿大陆架的水平移动。Ruiz-Cooley 等（2013）采集了加利福尼亚海流系统的茎柔鱼样本，并对茎柔鱼内壳的氨基酸稳定同位素进行了分析，小个体的茎柔鱼内壳的苯丙氨酸 $\delta^{15}N$ 具有高度的差异性，表明小个体的茎柔鱼高度洄游，从 2 个或 2 个以上不同的地理区域洄游到北加利福尼亚海流系统。

在哥斯达黎加邻近海域，自西向东的赤道逆流使仔鱼滞留下来，在此区域由上升流形成的高生产力的海洋环境为稚鱼提供了食物资源，从而形成渔场（图 1-5）（Anderson and Rodhouse，2001）。Ichii 等（2002）等发现茎柔鱼的资源丰度与上升流密切相关，哥斯达黎加海域良好的上升流使茎柔鱼资源量丰富，反之，上升流较弱时茎柔鱼的资源丰度较小。

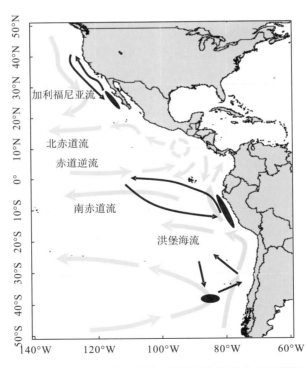

图 1-5　东太平洋茎柔鱼的洄游路径与海流分布示意图

注：蓝色箭头代表海流（加利福尼亚流、北赤道流、赤道逆流、南赤道流和洪堡海流）方向；黑色箭头代表茎柔鱼的洄游路径；

黑色实心椭圆代表产卵场

在南半球，茎柔鱼的产卵场主要分布在秘鲁沿岸海域和智利中部外海(图 1-5)(Tafur et al.，2001；Ibáñez et al.，2015)。在秘鲁海域，很大一部分茎柔鱼的卵和仔鱼随洪堡海流向北流去，洪堡海流向西偏移，稚鱼在循环的涡流中生长，随后茎柔鱼被输送到西边的南赤道流，一部分成鱼停留在赤道海域，其个体较小，而另一部分成鱼向南洄游，到达秘鲁海域，最终所有的茎柔鱼将回到秘鲁沿岸进行产卵(图 1-5)(Anderson and Rodhouse，2001；Keyl et al.，2008)。Liu 等(2016)建立了海面温度和耳石微量元素的关系，重建了茎柔鱼稚鱼期到成鱼期的洄游路径，在秘鲁南部海域孵化的一部分茎柔鱼可能向南游去，并在稚鱼期洄游至智利北部沿岸海域，随后继续向南洄游并伴随着东西向的洄游，最终将返回秘鲁沿海产卵。Sakai 等(2017)利用声学标记和电子标记对秘鲁外海茎柔鱼的垂直洄游行为进行了探测，认为茎柔鱼夜间的洄游与摄食有关，白天向最小含氧层(oxygen minimum layer，OML)以下更深的水层移动是为了躲避捕食者。Ibáñez 等(2015)发现在智利中部外海存在着茎柔鱼的产卵场(图 1-5)，并认为在成鱼期之前，茎柔鱼向智利近岸洄游，进行摄食和生长，成鱼期后则向离岸海域游去，最终在智利中部外海进行产卵。

茎柔鱼广泛分布于东太平洋，并进行大范围的洄游(Liu et al.，2016)，本研究根据已有的研究结果绘制出可能的洄游路径，然而并不能得到茎柔鱼准确的洄游路径。在以往的研究中，电子标记被广泛应用于茎柔鱼洄游研究(Gilly et al.，2006b；Stewart et al.，2012)，然而电子标记只能记录起点和终点的位置，并不能实时记录茎柔鱼的位置，而且电子标记设备的体积较大，只能用于标记大个体的成鱼，不能对仔鱼、稚鱼进行标记。此外，电子标记可记录的时间短，不能对茎柔鱼进行长时间的记录，因此在今后的研究中应对电子标记设备进行改进，使其更加小型化，能够长时间标记，并能够实时记录标记对象的位置。

近年来，耳石微量元素及硬组织的同位素标记被用于研究头足类的洄游路径(Ruiz-Cooley et al.，2014；Yamaguchi et al.，2015)。然而以往并没有研究实验室饲养的茎柔鱼耳石微量元素与环境因子的关系，因此今后的研究应进行控制实验，建立茎柔鱼耳石微量元素与温度、盐度等环境因子的关系，从而利用耳石微量元素重建茎柔鱼的洄游路径。

综上所述，今后的研究应改进电子标记设备，优化研究方案，结合标志重捕、电子标记及自然标记等多种手段来研究茎柔鱼的洄游路径。

1.2　角质颚形态学和耳石形态学

1.2.1　角质颚形态学

角质颚是头足类的主要摄食器官，与耳石、内壳等其他硬组织一样，具有稳定的形态特征、良好的信息储存及耐腐蚀等特点(Clarke，1962)，角质颚形态学同样被广泛应用于头足类的生长和种类鉴定的研究(Ogden et al.，1998；Lalas，2009；Fang et al.，2017；Hu et al.，2018)。胡贯宇等(2016)研究发现，在不同胴长组、不同日龄组和不同性成熟阶段，茎柔鱼雌、雄个体角质颚的生长存在差异，相同性别个体角质颚不同部位的生长也不同，并认为这可能是由于角质颚的不同部位在摄食过程中所起的作用不同，而且茎柔鱼在不同的生长阶段，其食性也有差异，因此角质颚不同部位的生长也有所差异。此外，胡贯宇等（2017b）建立了茎柔鱼角质颚形态参数与胴长、体重和日龄的关系，认为其关系的建立可以用于茎柔鱼个体大小、生物量和日龄的估算。Liu 等（2015a）通过对茎柔鱼角质颚的形态参数进行标准化，对不同地理区域的茎柔鱼进行了判别，并认为角质颚的形态参数比胴体参数更有效。

1.2.2　耳石形态学

由于具有稳定的形态结构，耳石被广泛应用于头足类的生长和种类鉴定（Fang et al.，2014；Barcellos and Gasalla，2015）。Arkhipkin 和 Bizikov（2000）分析了耳石的形态和平衡囊的结构，观察了刚捕获的贝乌贼平衡斑上耳石的移动和平衡囊中淋巴液的流动，研究了耳石在鱿鱼速度控制系统上的作用。中上层十腕头足类通常具有较快的"鳍前进"式直线运动，其耳石的吻部短而尖，而翼部长而宽，在"鳍前进"式运动时，耳石的重心偏离翼区，在惯性的作用下耳石与平衡囊前壁之间会产生一个小锐角的偏离，短而尖的吻部使重心更容易偏向背区和侧区，长而宽的翼部使耳石在发生偏离时保持状态，防止其发生移位。因此耳石的功能就像一个双开式弹簧门或船桨，当出现偏离时，一股内淋巴液从耳石下方沿平衡囊前壁向外流出，从而控制机体的运动。与中上层十腕头足类相比，底栖的十腕头足类耳石绕轴运动更加灵活，其吻部大而长，翼部短而窄，使头足类在滑翔和俯仰运动时对加速度更加敏感，船桨似的吻部也会使头足类在低速旋转运动时更加敏感。

在以往的研究中，个体生长和外界环境被认为会影响耳石的形态（Hüssy，2008；Neat et al.，2008；Delerue-Ricard et al.，2019）。Capoccioni 等（2011）分析了欧洲鳗（*Anguilla anguilla*）的耳石形态，发现不同大小的欧洲鳗耳石形态存在差异，与大个体的欧洲鳗耳石相比，小个体的欧洲鳗耳石形态更为统一。Carvalho 等（2015）研究发现，不同胴长组的阿根廷小鳀（*Anchoa tricolor*）的耳石形态存在差异。Martino 等（2017）分析了 CO_2 和温度对耳石形态的影响，发现 CO_2 浓度和温度的增加会影响耳石的形态和周长，同时也会影响鱼类重要内部组织的发育。Vignon（2012）分析了个体生长和环境变化对四带笛鲷（*Lutjanus kasmira*）耳石的影响，发现在其洄游的过程中，耳石形态受个体生长和环境变化的共同影响。Jr 和 Asch（2009）研究了 CO_2 浓度对有名锤形石首鱼（*Atractoscion nobilis*）耳石形态的影响，发现 CO_2 浓度越高，耳石越大，可能是受酸平衡的影响，CO_2 浓度的增加同时使碳酸根浓度增大，加速耳石晶体的形成。Munday 等（2011）研究了海洋酸化对海葵双锯鱼（*Amphiprion percula*）仔鱼耳石发育的影响，同样发现 CO_2 浓度高的环境会使耳石的形态发生变化。

在以往的研究中，耳石形态学的研究方法主要包括传统形态学和几何形态学（陈新军等，2013）。传统形态学主要通过对耳石的不同区域进行线性测量，这种方法具有很多不确定的因素（Francis and Mattlin，1986；Adams et al.，2004），而且所包含的信息较少。几何形态学包括地标点法和外部轮廓法，已广泛应用到鱼类耳石的研究（Gang et al.，2013）。然而，在头足类耳石上的应用仍较少，几何形态学能够重建耳石的形态，所包含的信息更加丰富，可以结合耳石不同部位的功能，进行精确有效的分析（Fang et al.，2018）。

　　傅里叶分析法作为外部轮廓法的一种，被较早应用到鱼类耳石形态的研究(Green et al.，2015)，该方法主要是利用正弦、余弦组成的线性函数来描述曲线，从而得到外部轮廓形态，该方法的弊端在于不能很好地重建局部尖锐不规则的外部形态。小波分析法可以有效解决该问题，可以重建比较尖锐不规则的外部形态，已被广泛应用于耳石的形态学研究(Parisi-Baradad et al.，2005；Fang et al.，2018)。由此，本研究利用小波分析法分析了气候变化对茎柔鱼耳石形态的影响。

第2章 气候变化对茎柔鱼角质颚
形态与胴体的影响

角质颚是头足类重要的摄食器官,具有稳定的形态结构,被广泛应用于头足类的种类和种间鉴定。角质颚的大小和硬度会影响茎柔鱼的捕食能力,角质颚形态的变化暗示着被捕食者的大小和种类的转变。在以往的研究中,Fulton 系数(K)被认为是研究茎柔鱼胴体状况有效的指标,在不适的外界环境下,茎柔鱼的胴体状况较差。本章拟分析角质颚形态的年间差异,以及与气候变化事件的联系,探索茎柔鱼胴体状况和资源量对气候变化事件的响应。

样本采集的时间为 2013 年、2014 年和 2016 年,作业的海域为 78°20′～86°00′W、4°00′～18°00′S,在每一个站点采集的样本均从渔获物中随机取样,每次约为 30 尾,并对采集的样本冷冻处理。本研究共采集 1096 尾茎柔鱼样本(表 2-1,图 2-1)。

表 2-1 秘鲁外海茎柔鱼样本信息

捕捞时间	捕捞区域	性别	样本数/尾	胴长/mm
2013 年 7～9 月	79°30′～83°30′W,10°30′～15°30′S	F	189	209～388
		M	124	205～391
2014 年 7～9 月	78°20′～83°30′W,10°00′～18°00′S	F	202	180～400
		M	131	202～355
2016 年 8～9 月	80°30′～86°00′W,4°00′～14°30′S	F	257	178～358
		M	193	178～330

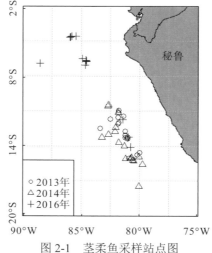

图 2-1 茎柔鱼采样站点图

　　将采集的茎柔鱼样本在渔船上冷冻，随后运输到实验室，解冻后进行生物学测定，测量内容包括胴长（mm）、体重（g），并鉴别性别和性成熟度（Lipiński and Underhill，1995）。

　　角质颚位于头部口器中，下颚盖嵌上颚，因此提取角质颚时应先用镊子取出下颚，再取上颚。角质颚取出后，用水将其清洗干净，尽量去除附在表面的有机物质，并将其保存在盛有 70%的乙醇溶液的离心管中，对其进行编号并与生物学测定的参数相对应。

　　角质颚清洗干净后，用游标卡尺对其进行测量（图 2-2），测量结果精确至 0.01mm，在本研究中，6 个角质颚形态参数被选择，因为它们可以被准确测量（Fang et al.，2015）。

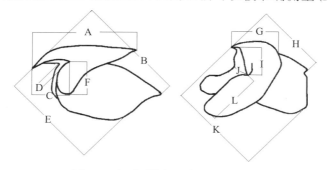

图 2-2　角质颚外部形态测量示意图

注：A 为上头盖长（UHL）；B 为上脊突长（UCL）；C 为上喙长（URL）；D 为上喙宽（URW）；E 为上侧壁长（ULWL）；F 为上翼长（UWL）；G 为下头盖长（LHL）；H 为下脊突长（LCL）；I 为下喙长（LRL）；J 为下喙宽（LRW）；K 为下侧壁长（LLWL）；L 为下翼长（LWL）

　　线性、幂函数、指数和对数模型被用于建立茎柔鱼胴长和角质颚形态参数的关系，根据赤池信息量准则，线性模型被选择作为最佳模型用于关系的建立（胡贯宇等，2017b），因此本研究利用线性模型建立胴长和角质颚形态参数的关系：

$$Y = a + b\mathrm{ML} + \varepsilon$$

式中，Y 为角质颚形态参数；ML 为茎柔鱼的胴长；a 和 b 是估算出来的参数，分别代表截距和斜率；ε 为线性模型的误差。

　　线性模型建立后，利用协方差分析法检验不同性别不同年份斜率的差异。

　　Fulton 系数（K）被用于评估茎柔鱼的胴体状况，K 的计算公式如下（Froese，2006）：

$$K = \frac{W}{L^3} \times 100$$

式中，K 为 Fulton 系数；W 为体重，g；L 为胴长，cm。

　　在本研究中，利用 t 检验法分析不同性别不同年份茎柔鱼胴体状况的差异。

　　茎柔鱼的渔业数据来自上海海洋大学中国鱿钓渔业技术组。数据包括产量（t）、捕捞努力量（捕捞天数）和捕捞区域（经度和纬度）。单位捕捞努力量渔获量（CPUE）的计算公式如下（Chen et al.，2010）：

$$\mathrm{CPUE}_{yij} = \frac{\sum \mathrm{Catch}_{yij}}{\sum \mathrm{Effort}_{yij}}$$

式中，CPUE_{yij} 为在 y 年，经度为 i、纬度为 j 的年平均 CPUE（t/d）；$\sum \mathrm{Catch}_{yij}$ 为在 y 年，经度为 i、纬度为 j 的所有渔船的总产量；$\sum \mathrm{Effort}_{yij}$ 为在 y 年，经度为 i、纬度为 j 的所有

渔船捕捞天数的总和。

厄尔尼诺事件定义是根据在尼诺 3.4 区海面温度距平的 3 个月滑动平均值来定义的，海面温度距平至少连续 5 个月达到 0.5℃以上定义为一次厄尔尼诺事件。2013～2016 年尼诺 3.4 区指数来自美国国家海洋和大气管理局（National Oceanic and Atmospneric Administration，NOAA）的气候预测中心，2013～2016 年渔场区域月平均叶绿素 a 的数据来自 NOAA 的 Ocean Watch 网站，数据的空间分辨率为 0.05°×0.05°。

2.1　角质颚形态参数的斜率

在本研究中，利用线性模型对正常年份（2013 年和 2014 年）和厄尔尼诺年（2016 年）的雌雄个体分别建立了胴长和角质颚形态的关系（表 2-2），并采用协方差分析（analysis of covariance，ANCOVA）法检验了相同性别不同年份角质颚斜率的差异（图 2-3）。

表 2-2　胴长和角质颚形态参数线性模型的参数

年份	性别	参数	a	a 标准误	b	b 标准误	R^2
2013	雌性	UHL	−1.84	0.57	0.075	0.0020	0.88
		UCL	−2.57	0.66	0.093	0.0024	0.89
		ULWL	−0.70	0.62	0.065	0.0022	0.82
		LCL	0.23	0.42	0.039	0.0015	0.79
		LRL	−0.16	0.35	0.024	0.0013	0.66
		LLWL	−0.91	0.58	0.066	0.0021	0.84
2013	雄性	UHL	−1.88	0.85	0.071	0.0033	0.79
		UCL	−0.74	0.90	0.081	0.0035	0.82
		ULWL	−0.21	0.97	0.059	0.0037	0.67
		LCL	−0.06	0.58	0.038	0.0022	0.70
		LRL	1.33	0.50	0.017	0.0019	0.39
		LLWL	−0.93	0.75	0.062	0.0029	0.80
2014	雌性	UHL	−0.81	0.60	0.069	0.0023	0.81
		UCL	−0.93	0.69	0.085	0.0027	0.84
		ULWL	−1.46	0.58	0.067	0.0022	0.82
		LCL	0.73	0.39	0.037	0.0015	0.75
		LRL	−0.25	0.40	0.024	0.0016	0.55
		LLWL	−0.30	0.59	0.058	0.0023	0.76
2014	雄性	UHL	−1.63	0.84	0.067	0.0034	0.76
		UCL	−1.13	0.89	0.082	0.0035	0.80
		ULWL	−0.51	0.61	0.061	0.0024	0.83
		LCL	0.15	0.65	0.037	0.0026	0.61
		LRL	0.38	0.57	0.020	0.0023	0.37
		LLWL	−0.59	0.80	0.057	0.0032	0.71

续表

年份	性别	参数	a	a 标准误	b	b 标准误	R^2
2016	雌性	UHL	−1.50	0.41	0.072	0.0016	0.88
		UCL	−0.82	0.50	0.085	0.0020	0.88
		ULWL	−1.46	0.41	0.069	0.0016	0.87
		LCL	−0.70	0.34	0.041	0.0014	0.79
		LRL	−0.30	0.21	0.022	0.0008	0.74
		LLWL	−1.55	0.41	0.066	0.0016	0.87
2016	雄性	UHL	−1.67	0.47	0.068	0.0020	0.86
		UCL	−0.84	0.51	0.080	0.0021	0.88
		ULWL	−0.66	0.43	0.062	0.0018	0.86
		LCL	−0.68	0.40	0.039	0.0017	0.73
		LRL	−0.77	0.27	0.023	0.0012	0.67
		LLWL	−1.29	0.42	0.061	0.0017	0.86

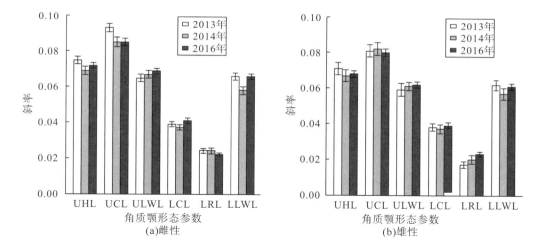

图 2-3　秘鲁外海茎柔鱼雌雄个体角质颚形态参数的斜率（误差线表示斜率的标准误）

研究发现，角质颚的斜率在年间存在差异，但差异性不显著（图 2-3，ANCOVA，$P>0.05$）。在 2013 年，雌性个体上脊突长和下喙长的斜率显著大于雄性（图 2-3，ANCOVA，$P<0.05$），其他形态参数的斜率在雌雄间差异不显著（图 2-3，ANCOVA，$P>0.05$）。在 2014 年和 2016 年，雌性个体所有角质颚形态的斜率均大于雄性，但没有显著性差异（图 2-3，ANCOVA，$P>0.05$）。

在正常年份（2013 年和 2014）和厄尔尼诺年（2016 年），雌性个体角质颚形态参数的斜率大于雄性，而且在 2013 年，上脊突长和下喙长的斜率在雌、雄个体间存在显著性差异（$P<0.05$）。同时，在正常年份（2013 年和 2014 年）和厄尔尼诺年（2016 年），雌性个体的胴体状况均比雄性个体好，而且在 2013 年，胴体状况在雌、雄个体间存

在显著性差异($P < 0.05$)。角质颚是头足类重要的摄食器官,在摄食的过程中,上颚更为主动地撕碎食物,而下颚主要起支撑作用(Raya and Hernández-González,1998;Uyeno and Kier,2007;Chen et al.,2010)。上颚生长及硬度的增强可以更快地撕碎猎物,提高捕食的效率,下颚生长及硬度的增强有助于在撕咬食物时提供强有力的支撑(胡贯宇等,2017a)。随着角质颚形态的变化,头足类的行为和摄食习性可能发生转变(Franco-Santos et al.,2014;Fang et al.,2017)。角质颚在生长的同时,其硬度也逐渐增强,使头足类可以摄食更大的被捕食者(Castro and Hernández-García,1995;Franco-Santos and Vidal,2014;胡贯宇等,2016)。因此,角质颚形态可能影响头足类的胴体状况,本研究也发现雌性个体的胴体状况比雄性个体好,其角质颚的斜率也较大。

本研究建立了胴长和角质颚形态参数的关系。由于不易被消化,头足类的角质颚经常出现在捕食者的胃中,在已有的研究中,角质颚被广泛应用于估算被捕食头足类种类的个体大小和生物量(Gröger et al.,2000;Lalas,2009)。因此,根据本研究建立的关系,捕食者胃含物中的角质颚可以被用于估算茎柔鱼的个体大小。

2.2 胴体状况的差异

2013 年,雌雄个体 K 的均值分别为 2.80±0.24 和 2.69±0.18(表 2-3);2014 年,雌雄个体 K 的均值分别为 2.79±0.31 和 2.74±0.32(表 2-3);2016 年,雌雄个体 K 的均值分别为 2.57±0.23 和 2.55±0.25(表 2-3)。

表 2-3 不同年份茎柔鱼雌性和雄性个体的 Fulton 系数(K)

年份	性别	最小值	最大值	平均值	标准差
2013	雌性	2.29	3.76	2.80	0.24
	雄性	2.05	3.13	2.69	0.18
2014	雌性	2.12	4.66	2.79	0.31
	雄性	1.99	4.87	2.74	0.32
2016	雌性	1.87	3.23	2.57	0.23
	雄性	1.80	3.74	2.55	0.25

2013 年和 2014 年雌雄个体的 K 均显著大于 2016 年(t-test,$P < 0.01$)(图 2-4),2013 年的 K 与 2014 年的 K 差异性不显著(t-test,$P > 0.05$)(图 2-4)。2013 年,雌性的 K 显著大于雄性(ANCOVA,$P < 0.05$)。在 2014 年和 2016 年,雌性的 K 大于雄性,但不存在显著性差异(ANCOVA,$P > 0.05$)。

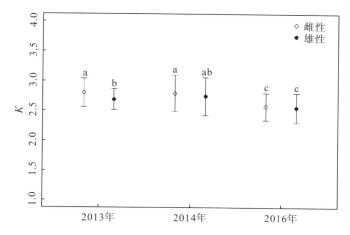

图 2-4　不同年份茎柔鱼雌雄个体 Fulton 系数(K)的均值和标准差

误差线上字母不同表示二者之间存在显著差异

　　本研究发现，正常年份(2013 年和 2014 年)雌雄个体的胴体状况均显著好于厄尔尼诺年份(2016 年)，然而正常年份(2013 年和 2014 年)之间没有显著差异。此外，本研究发现角质颚形态参数的斜率在年份间的差异不显著，因此认为茎柔鱼胴体状况的年间差异不是角质颚形态导致的。在以往的研究中，1998 年和 1999 年加利福尼亚湾和墨西哥海域茎柔鱼的胴体状况较差被认为是 1997～1998 年厄尔尼诺事件导致的(Ferreri，2014)。Pecl 等(2004)认为雌性个体在较冷的年份其胴体状况更好，其生殖投入也更高。在本研究发现厄尔尼诺年份的叶绿素a浓度低于正常年份，这与前人的研究结果相一致(Barber et al.，1996；Radenac et al.，2012；Espinoza-Morriberón et al.，2017)。因此，在厄尔尼诺年份，由于初级生产力较低，茎柔鱼的食物可能比较匮乏(Schwing，1999；Robinson et al.，2013)。Yu 等(2016)研究了气候变化对茎柔鱼栖息地适宜性的影响，发现厄尔尼诺事件使上升流减弱，伴随着暖的营养盐贫乏的海水，不利于茎柔鱼栖息，从而导致茎柔鱼产量降低。本研究认为在厄尔尼诺年份茎柔鱼较差的胴体状况可能是海水中叶绿素 a 的浓度较低导致的，外界的环境不利于茎柔鱼的生长和生存，因此茎柔鱼资源量降低可能是不适宜的外界环

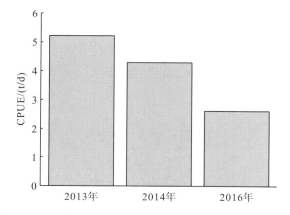

图 2-5　2013 年、2014 年和 2016 年秘鲁外海茎柔鱼 CPUE

境和缺乏食物共同作用的结果。通过统计正常年份(2013 年和 2014 年)和厄尔尼诺年份(2016 年)茎柔鱼的 CPUE,发现正常年份(2013 年和 2014 年)的 CUPE 明显高于厄尔尼诺年份(2016 年)(图 2-5)。在以往的研究中也发现,暖期茎柔鱼的资源量也小于正常年份(Waluda and Rodhouse,2006;Waluda et al.,2006;Yu et al.,2016)。

2.3　叶绿素 a 浓度和尼诺 3.4 区指数

在厄尔尼诺年份(2015 年和 2016 年),2015 年前 3 个月的尼诺 3.4 区指数稍微高于 0.5,其叶绿素 a 浓度较为波动(图 2-6);从 2015 年 4 月到 2016 年 5 月,尼诺 3.4 区指数迅速增加并达到较高水平,其叶绿素 a 浓度在 2015 年 5 月到 2016 年 7 月逐渐较小并维持在较低的水平(图 2-6)。

图 2-6　2013~2016 年渔场区域每月的尼诺 3.4 区指数和月平均叶绿素 a 浓度

在本研究中,仅 2013 年、2014 年和 2016 年的样本被用于分析厄尔尼诺对茎柔鱼的影响,2015 年的样本没有用于分析。在 2015 年,茎柔鱼的采样月份主要集中在 6 月和 7 月,因此茎柔鱼的生长可能跨越 2014 年和 2015 年(茎柔鱼的生命周期约为 12 个月)。同时,Yu 等(2016)研究发现,尼诺 3.4 区指数与适宜性栖息地之间存在 2 个月的滞后期。因此,2015 年采集的茎柔鱼样本胴体状况可能受 2014 年(正常年份)和 2015 年(弱厄尔尼诺年份)的环境共同作用。在今后的研究中,应该采集更多年份的样本。

2.4　小　　结

本章分析了茎柔鱼的胴体状况及角质颚形态参数的斜率,在相同年份,雌性个体的角质颚斜率大于雄性,其胴体状况也比雄性个体好,认为角质颚形态可能影响茎柔鱼的胴体状况。正常年份雌、雄个体的胴体状况均显著好于厄尔尼诺年份,然而角质颚形态参数的斜率在年份间的差异不显著,因此本研究认为茎柔鱼胴体状况的年间差异不是角质颚形态导致的。在厄尔尼诺年份,茎柔鱼较差的胴体状况可能是海水中叶绿素 a 的浓度较低导致的,厄尔尼诺年份茎柔鱼资源丰度降低可能是不适的外界环境和食物缺乏引起的。为了确保茎柔鱼渔业资源可持续利用,以及降低厄尔尼诺的不利影响,今后应该进行更深入的研究,实施更多科学的管理措施。

第 3 章　气候变化对茎柔鱼耳石形态的影响

耳石是位于平衡囊内的一对钙化组织，具有稳定的形态结构，被广泛应用于头足类的种类和种间鉴定。同时，耳石具有探测身体速度的作用，耳石的形态可以反映头足类的游泳能力。前人研究发现外界环境会影响鱼类耳石的形态，然而对头足类耳石形态的研究较为缺乏。因此，本章通过分析茎柔鱼耳石几何形态学的年间差异，结合耳石不同部位的功能差异，探讨气候变化事件对茎柔鱼游泳能力的影响。

茎柔鱼样本的采集时间为 2013 年 7~9 月、2014 年 6~9 月、2015 年 6~9 月和 2016 年 8~9 月，作业海域为 79°30′~85°30′W、6°30′~18°00′S，在每一个站点所采集的样本均从渔获物中随机取样，并对采集的样本冷冻处理。在本研究中，515 尾秘鲁外海茎柔鱼的耳石样本被用于几何形态学分析(表 3-1)，其中，2013 年和 2014 年为正常年份，2015 年采集的茎柔鱼经历的厄尔尼诺事件较弱，为弱厄尔尼诺年，2016 年采集的茎柔鱼经历的厄尔尼诺事件较强，为强厄尔尼诺年。

表 3-1　秘鲁外海茎柔鱼的样本信息

捕捞日期	捕捞海域	样本数	胴长/mm			耳石长/mm		
			最小值	最大值	均值±标准差	最小值	最大值	均值±标准差
2013 年 7~9 月	79°30′~84°30′W, 10°30′~15°30′S	150	210	350	264.5±31.8	1.55	2.08	1.76±0.11
2014 年 6~9 月	79°30′~83°30′W, 10°30′~18°00′S	116	203	350	248.1±28.8	1.50	1.97	1.68±0.10
2015 年 6~9 月	79°30′~85°00′W, 9°00′~15°30′S	114	208	349	264.6±28.3	1.25	2.05	1.71±0.11
2016 年 8~9 月	80°30′~85°30′W, 6°30′~14°30′S	135	201	319	252.8±33.3	1.46	2.02	1.74±0.11

将采集的茎柔鱼样本在渔船上冷冻，随后运输到实验室，解冻后进行生物学测定，测量内容包括胴长(mm)、体重(g)，并鉴别性别和性成熟度。

用镊子轻轻将耳石从平衡囊取出，清除包裹耳石的软膜和表面的有机物，然后存放于盛有 95%乙醇溶液的 2mL 离心管中，对其进行编号并与生物学测定的参数相对应。

将耳石表面的附着物清理干净，在连接有 CCD(charge coupled device，电荷耦合器件)的奥林巴斯(Olympus)双筒光学显微镜 40 倍下拍照，确保耳石的边缘清晰，得到耳石的图片，进行编号和保存。

利用 R 语言中的"shapeR"包，消除个体大小的影响，获取耳石面积、耳石长、耳石周长和耳石宽等数据，并计算耳石的 5 个形态参数，分别为 FO(形状因子)、RO(圆度)、

CI(环形度)、RE(矩形度)和 EL(椭圆率)，公式如下(Tuset et al.，2003a)：

$$FO = (4\pi A) P^{-2}$$
$$RO = (4A) (\pi\, SL^2)^{-1}$$
$$CI = P^2 A^{-1}$$
$$RE = A (SL \cdot SW)^{-1}$$
$$EL = (SL-SW) (SL+SW)^{-1}$$

式中，A 为耳石面积；P 为耳石周长；SL 为耳石长；SW 为耳石宽。

计算出耳石的 5 个轮廓形态参数后，利用双因素方差分析检验胴长组和年份对耳石轮廓形态参数的影响。

利用 R 语言中的"shapeR"包和小波分析法，消除个体大小的影响，重建耳石形态，提取耳石的平均轮廓，对相同年份不同胴长组，以及相同胴长组不同年份的耳石形态进行分析，探讨胴长组和年份对耳石形态的影响。

以耳石的小波系数为参数，利用典型主坐标分析法对相同年份不同胴长组，以及相同胴长组不同年份的茎柔鱼进行分析，探讨胴长组和年份对耳石形态的影响。

以耳石的 5 个形态参数和小波系数为参数，利用线性判别分析法对相同年份不同胴长组，以及相同胴长组不同年份的茎柔鱼进行判别分析，并计算判别正确率。

3.1　耳石形态参数的差异

贾涛等(2011)分析了哥斯达黎加外海茎柔鱼的耳石形态，发现耳石各形态参数与胴长的关系均显著正相关，而且发现耳石的生长存在两个阶段，当胴长组小于 260～300mm 时，耳石生长迅速，之后耳石生长减慢。易倩等(2012b)对东太平洋不同地理群体茎柔鱼的耳石形态进行了分析，发现不同地理群体间耳石形态特征存在显著性差异，在角度指标中，仅背侧区夹角在不同地理群体具有显著性差异。Fang 等(2014)利用标准化后的耳石和角质颚形态参数对北太平洋柔鱼的不同种群进行划分，发现增加较多合适的硬组织变量能有效提高判别正确率。Tuset 等(2003a)在加那利群岛采集了黑尾鲔(*Serranus atricauda*)、九带鲔(*Serranus cabrilla*)和纹首鲔(*Serranus scriba*)的耳石，发现这 3 个种的耳石形态与其栖息的水层有关，同一物种随着个体的生长，其轮廓形态参数也会发生变化。此外，Tuset 等(2003b)发现，利用耳石轮廓形态参数可以有效划分不同地理群体的九带鲔。Fang 等(2018)分析了不同地理群体和年份对东太平洋茎柔鱼耳石轮廓形态参数的影响，发现群体和年份对耳石轮廓形态参数的影响均显著。

在 2013 年(正常年份)，秘鲁外海茎柔鱼的胴长为 210～350mm，平均值为(264.5±31.8)mm；其耳石长为 1.55～2.08mm，平均值为(1.76±0.11)mm。在 2014 年(正常年份)，秘鲁外海茎柔鱼的胴长为 203～350mm，平均值为(248.1±28.8)mm；其耳石长为 1.50～1.97mm，平均值为(1.68±0.10)mm。在 2015 年(弱厄尔尼诺年)，秘鲁外海茎柔鱼的胴长为 208～349mm，平均值为(264.6±28.3)mm；其耳石长为 1.25～2.05mm，平均值为(1.71±0.11)mm。在 2016 年，秘鲁外海茎柔鱼的胴长为 201～319mm，平均值为

（252.8±33.3）mm；其耳石长为 1.46～2.02mm，平均值为（1.74±0.11）mm（表 3-1）。

对秘鲁外海茎柔鱼不同年份不同胴长组耳石的 5 个形态参数（FO、RO、CI、RE 和 EL）进行了统计（表 3-2），并利用双因素方差分析检验了年份和胴长组对耳石形态参数的影响。结果显示，年份对耳石的形态参数 RO、RE 和 EL 具有极显著的影响（$P<0.01$），然而胴长组对 RO、RE 和 EL 的影响不显著（$P>0.05$）。年份和胴长组对耳石 5 个形态参数的影响均不具有交互效应（$P>0.05$）（表 3-3）。

表 3-2　秘鲁外海茎柔鱼耳石形态参数值

胴长组	形态参数	最小值	最大值	平均值	标准差
2013A	FO	0.53	0.71	0.61	0.04
	RO	0.38	0.64	0.49	0.06
	CI	17.64	23.74	20.80	1.23
	RE	0.54	0.73	0.64	0.04
	EL	0.17	0.35	0.25	0.04
2013B	FO	0.53	0.67	0.61	0.03
	RO	0.39	0.60	0.49	0.05
	CI	18.82	23.63	20.73	1.14
	RE	0.54	0.72	0.64	0.04
	EL	0.19	0.31	0.25	0.03
2013C	FO	0.55	0.71	0.60	0.04
	RO	0.38	0.63	0.48	0.06
	CI	17.62	22.65	20.96	1.26
	RE	0.56	0.72	0.63	0.05
	EL	0.19	0.33	0.26	0.03
2014A	FO	0.52	0.67	0.60	0.03
	RO	0.37	0.57	0.48	0.05
	CI	18.79	24.04	21.04	0.99
	RE	0.56	0.71	0.63	0.03
	EL	0.20	0.33	0.25	0.03
2014B	FO	0.53	0.67	0.59	0.03
	RO	0.39	0.54	0.45	0.04
	CI	18.80	23.62	21.27	1.11
	RE	0.55	0.67	0.62	0.03
	EL	0.21	0.34	0.27	0.03
2014C	FO	0.56	0.62	0.59	0.02
	RO	0.43	0.59	0.49	0.05
	CI	20.37	22.63	21.46	0.82
	RE	0.59	0.70	0.62	0.03
	EL	0.19	0.29	0.24	0.03

续表

胴长组	形态参数	最小值	最大值	平均值	标准差
2015A	FO	0.56	0.64	0.60	0.03
	RO	0.40	0.62	0.48	0.05
	CI	19.51	22.47	20.89	0.89
	RE	0.56	0.71	0.63	0.03
	EL	0.19	0.32	0.25	0.03
2015B	FO	0.54	0.69	0.61	0.03
	RO	0.40	0.59	0.49	0.04
	CI	18.09	23.22	20.81	1.07
	RE	0.57	0.70	0.63	0.03
	EL	0.17	0.32	0.25	0.03
2015C	FO	0.52	0.66	0.58	0.04
	RO	0.38	0.59	0.48	0.06
	CI	19.09	24.19	21.77	1.31
	RE	0.58	0.70	0.63	0.04
	EL	0.18	0.35	0.25	0.04
2016A	FO	0.54	0.69	0.62	0.03
	RO	0.39	0.52	0.44	0.03
	CI	18.24	23.31	20.28	1.03
	RE	0.56	0.70	0.62	0.03
	EL	0.22	0.33	0.28	0.02
2016B	FO	0.56	0.68	0.62	0.02
	RO	0.36	0.54	0.45	0.04
	CI	18.46	22.49	20.43	0.82
	RE	0.58	0.68	0.63	0.02
	EL	0.20	0.39	0.28	0.03
2016C	FO	0.58	0.70	0.62	0.03
	RO	0.39	0.50	0.45	0.03
	CI	17.97	21.82	20.48	0.96
	RE	0.58	0.65	0.62	0.02
	EL	0.23	0.34	0.28	0.03

注：2013A、2013B 和 2013C 分别代表 2013 年胴长组为 200～250mm、250～300mm 和 300～350mm 的茎柔鱼样本，以此类推，下同。

表 3-3 秘鲁外海茎柔鱼耳石形态参数的双因素方差分析

参数		自由度	残差平方和	F	P
FO	年份	3	0.0365	12.6610	5.45×10^{-8}
	胴长组	2	0.0066	3.4550	0.032
	年份×胴长组	6	0.0056	0.9740	0.442 [ns]

	参数	自由度	残差平方和	F	P
RO	年份	3	0.1440	23.6720	2.40×10^{-14}
	胴长组	2	0.0001	0.0310	0.969 [ns]
	年份×胴长组	6	0.0209	1.7140	0.116 [ns]
CI	年份	3	43.1000	12.7800	4.64×10^{-8}
	胴长组	2	8.6000	3.8220	0.023
	年份×胴长组	6	7.5000	1.1080	0.356 [ns]
RE	年份	3	0.0163	4.8060	0.003
	胴长组	2	0.0006	0.2620	0.770 [ns]
	年份×胴长组	6	0.0045	0.6690	0.674 [ns]
EL	年份	3	0.0851	28.3980	$<2\times10^{-16}$
	胴长组	2	0.0002	0.0780	0.925 [ns]
	年份×胴长组	6	0.0106	1.7640	0.104 [ns]

注: ns 表示差异性不显著。

本研究利用双因素方差分析法检验了年份和胴长组对耳石的 5 个形态参数(FO、RO、CI、RE 和 EL)的影响,发现年份对这 5 个形态参数均具有显著性影响($P<0.05$),胴长组仅对 FO 和 CI 的影响具有显著性($P<0.05$)。因此,研究认为不同年份不同胴长组会影响耳石的形态,这与前人的研究结果相一致(Tuset et al.,2003a;Fang et al.,2018)。为了进一步探讨胴长组和年份对耳石形态的影响,本研究利用小波分析法对耳石形态进行了分析。

在以往的研究中,学者认为耳石形态在个体生长过程中会发生变化。Capoccioni 等(2011)利用傅里叶法对欧洲鳗(*Anguilla anguilla*)耳石形态进行了分析,研究发现不同大小的欧洲鳗耳石形态存在差异,小个体的欧洲鳗耳石形态比大个体的更为统一。Carvalho 等(2015)利用地标点法研究了阿根廷小鳀(*Anchoa tricolor*)耳石形态在生长过程中的差异,发现除了 70~80mm 和 80~90mm 胴长组,其他不同胴长组间的耳石形态均存在显著差异。

在本研究中,在正常年份(2013 年和 2014 年),与 200~250mm 和 250~300mm 相比,胴长组为 300~350mm 的茎柔鱼耳石吻区较短,而且更尖,耳石背区的重心更偏向侧区(图 3-1)。这可能是由于随着个体的生长,耳石形态的变化促使茎柔鱼的游泳能力也逐渐增强。在"鳍前进"式运动时,在惯性的作用下耳石与平衡囊前壁之间产生一个小锐角的偏离,吻区变得短而尖,背区重心更偏向侧区,这使得耳石重心更容易偏向背区和侧区,当偏离出现时,内淋巴液从耳石下方沿平衡囊前壁向外流出,从而控制机体的运动(Arkhipkin and Bizikov,2000)。因此,随着个体的生长,茎柔鱼的游泳能力也逐渐增强。在正常年份(2013 年和 2014 年)和弱厄尔尼诺年(2015 年),胴长组 200~250mm 和 250~300mm 的茎柔鱼耳石形态差异不明显(图 3-2),从典型得分也可以看出,胴长组 200~250mm 和 250~300mm 的典型得分较为接近(图 3-3),这可能是因为在胴长组为 200~

300mm 时茎柔鱼游泳能力变化不大，而在胴长组为 300~350mm 时，茎柔鱼的游泳能力明显地增强。在弱厄尔尼诺年(2015 年)，在不同胴长组间，茎柔鱼耳石吻区差异不明显；与 200~250mm 和 250~300mm 相比，胴长组为 300~350mm 的茎柔鱼耳石背区的重心更偏向侧区(图 3-1)。在强厄尔尼诺年(2016 年)，在 3 个不同胴长组间茎柔鱼耳石形态较为相似。与厄尔尼诺年份(2015 年和 2016 年)相比，正常年份(2013 年和 2014 年)不同胴长组间耳石形态的差异更明显，随着个体的生长，游泳能力也逐渐增强。在厄尔尼诺年份(2015 年和 2016 年)，海水温度异常升高，上升流减弱，并伴随着暖的营养盐贫乏的海水(Yu et al.，2016)，海洋环境异常变化，可能降低了茎柔鱼的游泳能力。与弱厄尔尼诺年(2015 年)相比，强厄尔尼诺年(2016 年)不同胴长组间耳石形态的变化更小，这可能是因为 2015 年采集的茎柔鱼经历的厄尔尼诺事件较弱，而 2016 年采集的茎柔鱼经历了较强的厄尔尼诺事件，强厄尔尼诺事件可能对茎柔鱼游泳能力的影响更大。

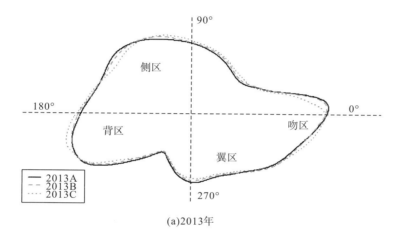

(a)2013年

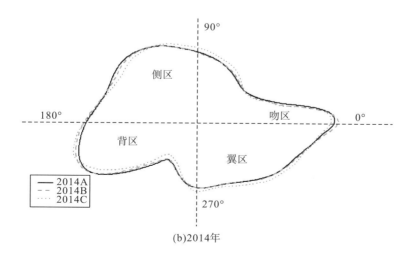

(b)2014年

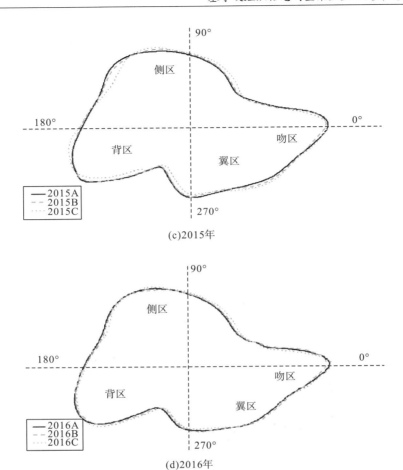

(c)2015年

(d)2016年

图 3-1　秘鲁外海茎柔鱼相同年份不同胴长组平均耳石形态

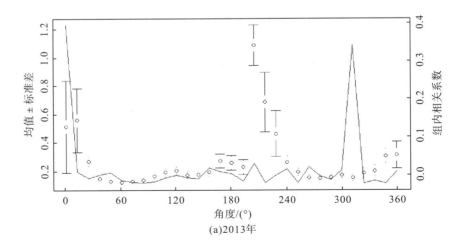

(a)2013年

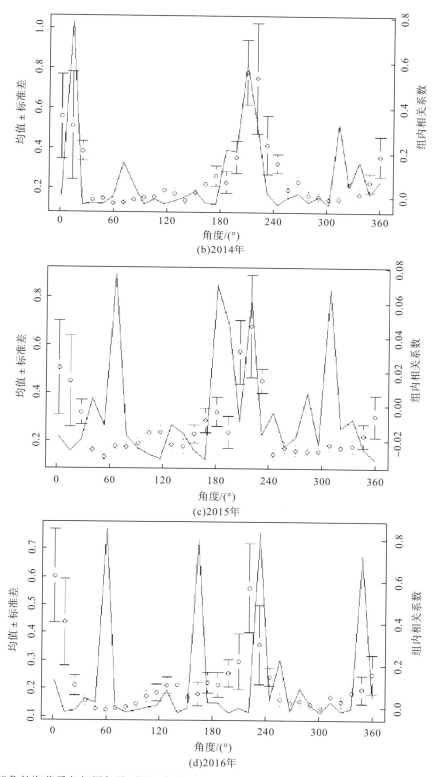

图 3-2　秘鲁外海茎柔鱼相同年份不同胴长组耳石不同角度小波系数的均值、标准差和组内相关系数

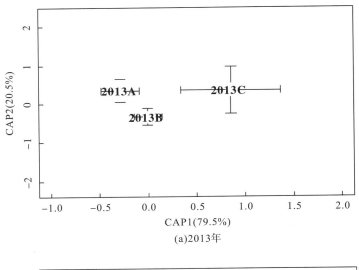

(a)2013年

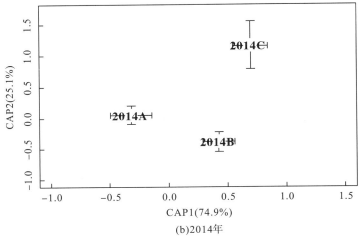

(b)2014年

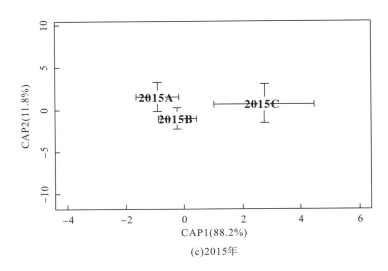

(c)2015年

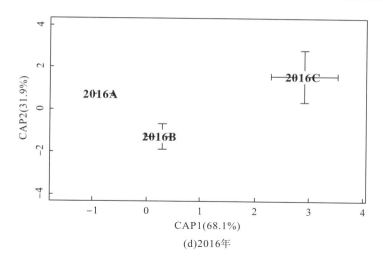

图 3-3　秘鲁外海茎柔鱼相同年份不同胴长组耳石形态典型得分在前两个坐标轴上的分布

注：数字和字母表示不同组典型得分的平均值，误差线表示标准误

在以往的研究中，外界环境被认为是影响耳石形态的重要因素（Delerue-Ricard et al.，2019；Hüssy，2008；Neat et al.，2008）。Martino 等（2017）研究了 CO_2 浓度和温度对耳石发育的影响，发现 CO_2 浓度和温度的增加会影响耳石的形态和周长，研究认为 CO_2 浓度和温度的增加影响鱼类重要内部组织的发育。Vignon（2012）认为四带笛鲷（*Lutjanus kasmira*）在洄游的过程中耳石形态受个体生长和环境变化的共同影响。Jr 和 Asch（2009）研究了 CO_2 浓度对有名锤形石首鱼（*Atractoscion nobilis*）耳石形态的影响，发现 CO_2 浓度越高，耳石越大，可能是受酸平衡的影响，CO_2 浓度增加的同时，碳酸根离子浓度增大，加速耳石晶体的形成。Munday 等（2011）研究了海洋酸化对海葵双锯鱼（*Amphiprion percula*）仔鱼耳石发育的影响，同样发现 CO_2 浓度高的环境会使耳石的形态发生变化。

3.2　不同胴长组耳石形态的差异

利用 R 语言中的"shapeR"包重建不同胴长组耳石的平均轮廓，结果显示，2013～2016 年，相同年份不同胴长组耳石形态的差异主要在吻区（0°～20°）和背区（200°～220°）（图 3-1 和图 3-2）。然而，与厄尔尼诺年份（2015 年和 2016 年）相比，正常年份（2013 年和 2014 年）不同胴长组间耳石形态的差异更为明显（图 3-1）。在正常年份（2013 年和 2014 年），与 200～250mm 和 250～300mm 相比，胴长组为 300～350mm 的茎柔鱼耳石吻区较短，而且更尖，耳石背区的重心更偏向侧区（图 3-1），然而胴长组 200～250mm 和 250～300mm 的茎柔鱼耳石形态差异不明显。在弱厄尔尼诺年（2015 年），3 个胴长组的茎柔鱼耳石吻区差异不明显；与 200～250mm 和 250～300mm 相比，胴长组为 300～350mm 的茎柔鱼耳石背区的重心更偏向侧区（图 3-1）。在强厄尔尼诺年（2016 年），在 3 个不同胴长组间茎柔鱼耳石形态较为相似。

利用多元方差分析检验相同年份不同胴长组的耳石小波系数，结果显示，相同年份不同胴长组耳石形态差异性极显著（$P<0.01$）。典型主坐标分析结果显示，相同年份不同胴长组耳石形态具有较大差异，在 2013 年，第一主坐标和第二主坐标分别解释了差异的79.5%和20.5%；在 2014 年，第一主坐标和第二主坐标分别解释了差异的 74.9%和25.1%；在 2015 年，第一主坐标和第二主坐标分别解释了差异的 88.2%和11.8%；在 2016 年，第一主坐标和第二主坐标分别解释了差异的 68.1%和31.9%（图 3-3）。利用线性判别分析对相同年份不同胴长组的茎柔鱼进行划分，结果显示，2013 年、2014 年、2015 年和 2016 年不同胴长组的判别正确率分别为 65.33%、87.93%、56.14%和 87.41%（表 3-4～表 3-7）。

表 3-4 2013 年秘鲁外海茎柔鱼不同胴长组判别分析结果

胴长组	预测/%			正确率/%	敏感性/%	特异性/%
	2013A	2013B	2013C			
2013A	58.18	41.82	0		56.14	75.27
2013B	29.87	70.13	0	65.33	66.67	66.67
2013C	11.11	22.22	66.67		100	95.65

表 3-5 2014 年秘鲁外海茎柔鱼不同胴长组判别分析结果

胴长组	预测/%			正确率/%	敏感性/%	特异性/%
	2014A	2014B	2014C			
2014A	92.86	7.14	0		87.84	88.10
2014B	24.32	75.68	0	87.93	84.85	89.16
2014C	0	0	100		100	100

表 3-6 2015 年秘鲁外海茎柔鱼不同胴长组判别分析结果

胴长组	预测/%			正确率/%	敏感性/%	特异性/%
	2015A	2015B	2015C			
2015A	92.86	7.14	0		35.29	73.75
2015B	24.32	75.68	0	56.14	63.48	50.98
2015C	0	0	100		70.59	95.88

表 3-7 2016 年秘鲁外海茎柔鱼不同胴长组判别分析结果

胴长组	预测/%			正确率/%	敏感性/%	特异性/%
	2016A	2016B	2016C			
2016A	88.06	11.94	0		86.76	88.06
2016B	16.36	83.64	0	87.41	85.19	88.89
2016C	0	0	100		100	100

3.3 不同年份耳石形态的差异

利用 R 语言中的"shapeR"包重建相同胴长组不同年份耳石的平均形态，结果显示，2013～2016 年相同胴长组不同年份耳石形态的差异主要在吻区（0°～20°）和背区（200°～

220°)(图 3-4 和图 3-5)。在不同胴长组,正常年份(2013 年和 2014 年)和弱厄尔尼诺年(2015 年)茎柔鱼耳石形态均较为相似,与强厄尔尼诺年(2016 年)的耳石形态相比,正常年份 (2013 年和 2014 年)和弱厄尔尼诺年(2015 年)茎柔鱼耳石吻区短而尖,耳石背区的重心更偏向侧区(图 3-4)。

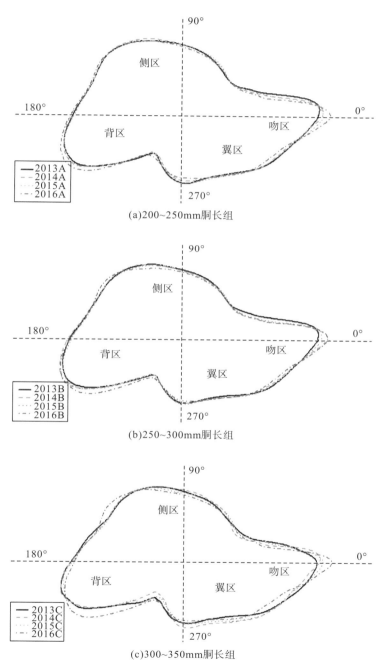

(a)200~250mm 胴长组

(b)250~300mm 胴长组

(c)300~350mm 胴长组

图 3-4　秘鲁外海茎柔鱼相同胴长组不同年份平均耳石形态

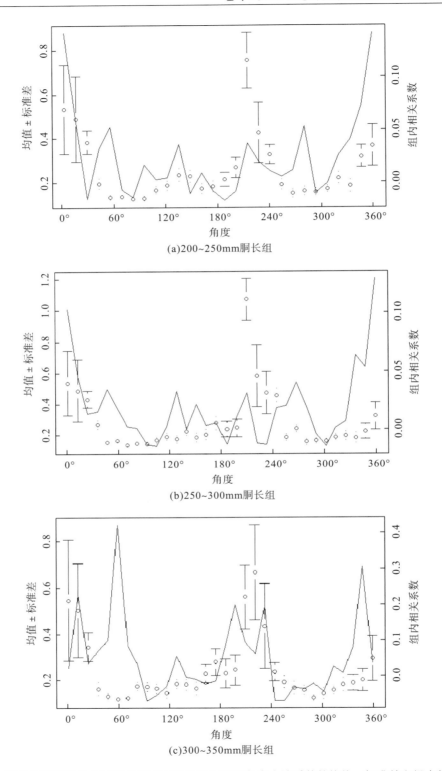

(a)200~250mm胴长组

(b)250~300mm胴长组

(c)300~350mm胴长组

图 3-5   秘鲁外海茎柔鱼相同胴长组不同年份耳石不同角度小波系数的均值、标准差和组内相关系数

　　利用多元方差分析检验相同胴长组不同年份的耳石小波系数，结果显示，相同胴长组不同年份耳石形态差异性极显著（$P < 0.01$）。典型主坐标分析结果显示，正常年份（2013年和 2014 年）和弱厄尔尼诺年（2015 年）的典型分数有较大程度的重叠，然而正常年份（2013 年和 2014 年）和弱厄尔尼诺年（2015 年）的典型分数与强厄尔尼诺年（2016 年）具有较大的差异。胴长组为 200～250mm 时，第一主坐标和第二主坐标分别解释了差异的 83.9%和 10.8%；胴长组为 250～300mm 时，第一主坐标和第二主坐标分别解释了差异的 73.6%和 20.3%；胴长组为 300～350mm 时，第一主坐标和第二主坐标分别解释了差异的 82.1%和 12.9%（图 3-6）。利用线性判别分析对相同年份不同胴长组的茎柔鱼进行划分，结果显示，胴长组为 200～250mm、250～300mm 和 300～350mm 时，不同年份耳石形态的判别正确率分别为 40.00%、40.60%和 58.93%（表 3-8～表 3-10）。

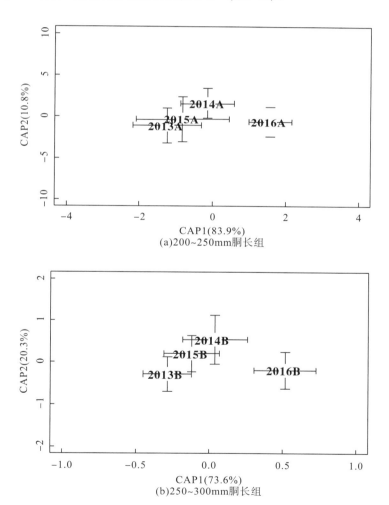

(a)200~250mm胴长组

(b)250~300mm胴长组

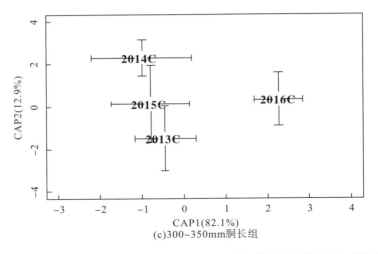

(c)300~350mm胴长组

图3-6　秘鲁外海茎柔鱼相同胴长组不同年份耳石形态典型得分在前两个坐标轴上的分布

注：数字和字母表示不同组典型得分的平均值，误差线表示标准误

表3-8　秘鲁外海茎柔鱼不同年份判别分析结果（200~250mm 胴长组）

胴长组	预测/%				正确率/%	敏感性/%	特异性/%
	2013A	2014A	2015A	2016A			
2013A	30.91	36.36	20.00	12.73		30.91	77.65
2014A	32.86	31.43	11.43	24.29	40.00	34.38	70.19
2015A	36.36	36.36	6.06	21.21		7.69	84.42
2016A	4.48	14.93	7.46	73.13		61.25	87.59

表3-9　秘鲁外海茎柔鱼不同年份判别分析结果（250~300mm 胴长组）

胴长组	预测/%				正确率/%	敏感性/%	特异性/%
	2013B	2014B	2015B	2016B			
2013B	40.26	15.58	24.68	19.48		41.89	71.25
2014B	27.03	29.73	29.73	13.51	40.60	28.21	86.67
2015B	36.92	15.38	35.38	12.31		36.51	75.44
2016B	16.36	10.91	18.18	54.55		51.72	85.80

表3-10　秘鲁外海茎柔鱼不同年份判别分析结果（300~350mm 胴长组）

胴长组	预测/%				正确率/%	敏感性/%	特异性/%
	2013C	2014C	2015C	2016C			
2013C	61.11	0	38.89	0		64.71	82.05
2014C	0	44.44	55.56	0	58.93	57.14	89.80
2015C	37.50	18.75	31.25	12.50		29.41	71.80
2016C	0	0	0	100		86.67	100

本研究发现，与强厄尔尼诺年(2016 年)的耳石形态相比，正常年份(2013 年和 2014 年)和弱厄尔尼诺年(2015 年)茎柔鱼耳石形态较为相似，其耳石吻区短而尖，耳石背区的重心更偏向侧区(图 3-4)。从典型得分也可以看出，正常年份(2013 年和 2014 年)和弱厄尔尼诺年(2015 年)茎柔鱼的典型得分较为接近，有较大程度的重叠(图 3-5)。因此，从耳石形态上的差异可以看出，与正常年份(2013 年和 2014 年)和弱厄尔尼诺年(2015 年)的茎柔鱼相比，相同胴长组的强厄尔尼诺年(2016 年)采集的茎柔鱼游泳能力可能较差(Arkhipkin and Bizikov，2000)。虽然 2015 年和 2016 年(厄尔尼诺年份)采集的茎柔鱼均经历了厄尔尼诺事件，但是 2015 年采集的茎柔鱼经历的厄尔尼诺事件较弱，2016 年采集的茎柔鱼经历了较强的厄尔尼诺事件，因此 2016 年采集的茎柔鱼耳石形态受厄尔尼诺的影响更明显，其游泳能力受厄尔尼诺的影响可能更大。

3.4　小　　结

本章利用双因素方差分析检验了胴长和年份对耳石形态参数的影响，并利用小波分析法分析了耳石几何形态在胴长组和年份间的差异。发现胴长组和年份对耳石形态参数具有显著影响；与厄尔尼诺年份相比，在正常年份不同胴长组间耳石形态的差异更为明显，随着个体的生长，茎柔鱼耳石的吻区较短，而且更尖，耳石背区的重心更偏向侧区。相同胴长组时，与厄尔尼诺年份相比，正常年份茎柔鱼耳石吻区短而尖，耳石背区的重心更偏向侧区。研究认为，个体生长和厄尔尼诺事件会影响茎柔鱼的游泳能力，在正常年份，随着个体的生长，茎柔鱼的游泳能力也会明显增强，而厄尔尼诺事件会抑制茎柔鱼游泳能力的提高。

第4章 气候变化对茎柔鱼营养模式的影响

角质颚是头足类一个重要的硬组织,主要由几丁质和蛋白质组成,储存着大量的生态学信息。角质颚物质的沉积是连续的、不可逆的,记录着头足类整个生活史的全部信息,角质颚稳定同位素被广泛应用于头足类摄食生态学的研究。在以往的研究中,主要是对个体整个角质颚的稳定同位素进行分析,然而整个角质颚的稳定同位素只能反映个体的平均营养位置,因此本章通过测定角质颚侧壁边缘的稳定同位素,利用广义加性模型(generalized additive models,GAM)建立不同年份稳定同位素与胴长、纬度和离岸距离的关系,探讨气候变化事件对茎柔鱼营养模式的影响。

样本采集的时间为 2013 年 7~9 月、2014 年 2~9 月和 2015 年 7~10 月,作业的海域为 74°~85°W、9°~40°S。在每一个站点所采集的样本均从渔获物中随机取样,并对采集的样本冷冻处理。本研究共采集 147 尾茎柔鱼的角质颚用于稳定同位素分析(图 4-1)。

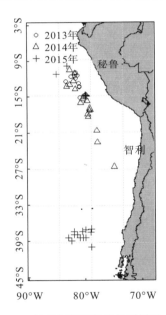

图 4-1　东南太平洋茎柔鱼采样站点图

茎柔鱼的生物学测定和角质颚的提取见第 2 章。用剪刀将下角质颚侧壁边缘剪下用于稳定同位素的分析(图 4-2)。首先将所有样本清洗干净,然后使用 Christ1-4α 冷冻干燥机除去样本中的水分,随后将样本研磨成均匀的粉末。用 0.3mg 的锡纸胶囊包被 1.0mg 的样本粉末,然后利用 IsoPrime 100 稳定同位素比例分析质谱仪测定样本的碳、氮稳定同位素比值。每测定 10 个样品,随后测定 3 个标准品对样品进行校准,$\delta^{13}C$ 和 $\delta^{15}N$ 的分析误差均小于 0.1‰(贡艺,2015;贡艺等,2015)。样本的碳、氮稳定同位素的计算公式如下:

$$\delta X = (R_{\text{sample}}/R_{\text{standard}}-1) \times 1000$$

式中，X 为 ^{13}C 或 ^{15}N，$R_{\text{sample}}/R_{\text{standard}}$ 为 δ^{13}C/δ^{12}C 或 δ^{15}N/δ^{14}N。

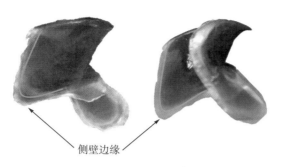

图 4-2　下角质颚侧壁边缘的侧视图

GAM 是广义线性模型的延伸，可以处理响应变量和解释变量的非线性关系(Guisan et al.，2002)。在以往的研究中，纬度、离岸距离和胴长被认为是解释稳定同位素的主要因子(Argüelles et al.，2012；Ruiz-Cooley and Gerrodette，2012；Fang et al.，2016)。对 2013 年和 2014 年的样本，本章利用 GAM 建立了稳定同位素和纬度、胴长和离岸距离的关系：

$$SI = s(\text{Lat}) + s(\text{ML}) + s(\text{DSB}) + \varepsilon$$

式中，SI 为测定的碳、氮稳定同位素(δ^{13}C 或 δ^{15}N)；ML 为茎柔鱼的胴长；Lat 为采样站点的纬度；DSB 为采样站点的离岸距离；ε 为模型的误差。

对 2015 年的样本，采样站点分布在秘鲁和智利外海，其纬度不连续，因此模型的解释变量没有包含纬度(图 4-1)。

采用方差分析法检验 2013～2015 年碳、氮稳定同位素的年间差异；采用 Tukey HSD 法对这 3 年的碳、氮稳定同位素进行两两比较；利用 t-test 检验不同年份和不同地理区域群体稳定同位素的差异。

利用标准椭圆面积法计算生态位的宽度，以及不同组间的重叠率(Jackson et al.，2011)。所有统计分析均使用 R 3.3.2 完成。

4.1　稳定同位素值和 GAM 分析

本研究对 3 年的稳定同位素进行了比较，在 2013 年(正常年份)、2014 年(正常年份)和 2015 年(弱厄尔尼诺年)，茎柔鱼下角质颚 δ^{13}C 平均值分别为(-18.37 ± 0.46)‰、(-18.29 ± 0.59)‰和(-17.32 ± 0.50)‰。ANOVA 结果显示，δ^{13}C 在 3 年间的差异性极显著($F=107.8$，$P<0.001$)；Tukey HSD 结果显示，弱厄尔尼诺年(2015 年)的 δ^{13}C 显著大于正常年份(2013 年和 2014 年)($P<0.001$)，δ^{13}C 在正常年份(2013 年和 2014 年)间的差异性不显著($P>0.05$)。

在 2013 年、2014 年和 2015 年，茎柔鱼下角质颚 $\delta^{15}N$ 分别为 (8.80 ± 2.00)‰、(11.39 ± 2.90)‰ 和 (7.78 ± 1.93)‰（表 4-1）。ANOVA 结果显示，$\delta^{15}N$ 在 3 年间的差异性极显著（$F=9.78$，$P<0.01$）；Tukey HSD 结果显示，2014 年 $\delta^{15}N$ 显著大于 2013 年和 2015 年（$P<0.001$），2013 年和 2015 年的 $\delta^{15}N$ 不存在显著性差异（$P>0.05$）。

表 4-1 2013～2015 年东南太平洋茎柔鱼下角质颚同位素值

年份	胴长/mm				$\delta^{13}C$ /‰				$\delta^{15}N$ /‰			
	最小值	最大值	平均值	标准差	最小值	最大值	平均值	标准差	最小值	最大值	平均值	标准差
2013	257	396	317.22	41.99	−19.31	−17.40	−18.37	0.46	6.07	12.11	8.80	2.00
2014	240	575	407.16	82.27	−19.21	−17.02	−18.29	0.59	4.64	15.08	11.39	2.90
2015	270	490	376.64	53.86	−18.44	−16.13	−17.32	0.50	2.39	12.33	7.78	1.93

在 2013 年（正常年份），GAM 分别解释了 $\delta^{13}C$ 和 $\delta^{15}N$ 残差的 42.2% 和 79.2%（表 4-2）。纬度与 $\delta^{13}C$ 呈负相关关系，与 $\delta^{15}N$ 呈正相关关系，胴长和离岸距离均与 $\delta^{15}N$ 呈负相关关系（表 4-2，图 4-3）。

在 2014 年（正常年份），GAM 分别解释了 $\delta^{13}C$ 和 $\delta^{15}N$ 残差的 53.9% 和 97.8%（表 4-2）。纬度和胴长均对 $\delta^{13}C$ 具有显著的影响（$P<0.01$）（表 4-2），从 11°S 到 20°S，$\delta^{13}C$ 逐渐减小，从 20°S 到 27°S，$\delta^{13}C$ 逐渐增大（图 4-4）。纬度和离岸距离对 $\delta^{15}N$ 具有显著的影响（$P<0.001$）（表 4-2），从 11°S 到 20°S，$\delta^{15}N$ 增长较大。

在 2015 年（弱厄尔尼诺年份），GAM 分别解释了 $\delta^{13}C$ 和 $\delta^{15}N$ 残差的 48.6% 和 29.2%（表 4-2）。离岸距离对 $\delta^{13}C$ 和 $\delta^{15}N$ 具有显著的影响（$P<0.01$），胴长在 250～350mm，$\delta^{13}C$ 逐渐增大，之后变化不大（图 4-5）。$\delta^{15}N$ 和胴长没有明显的相关性。

表 4-2 2013～2015 年茎柔鱼下角质颚侧壁碳、氮稳定同位素的 GAM 结果

年份	响应变量	解释变量	自由度	F	P	解释率/%
2013	$\delta^{13}C$	Lat	1.00	10.09	3.5×10^{-3}	
		ML	3.00	1.79	0.19 ns	
		DSB	1.00	0.67	0.42 ns	
		模型				42.2
	$\delta^{15}N$	Lat	2.24	12.79	2.49×10^{-5}	
		ML	2.15	3.36	0.035	
		DSB	1.00	5.87	0.022	
		模型				79.2
2014	$\delta^{13}C$	Lat	3.55	4.84	3.4×10^{-3}	
		ML	1.00	9.78	3.8×10^{-3}	
		DSB	2.72	1.54	0.24 ns	
		模型				53.9

续表

年份	响应变量	解释变量	自由度	F	P	解释率/%
2014	$\delta^{15}N$	Lat	8.26	37.72	$<2\times10^{-6}$	
		ML	1.00	3.11	0.092^{ns}	
		DSB	6.46	5.22	7.10×10^{-4}	
		模型				97.8
2015	$\delta^{13}C$	ML	2.72	2.59	0.06^{ns}	
		DSB	6.92	4.89	1.6×10^{-4}	
		模型			$<2\times10^{-6}$	48.6
	$\delta^{15}N$	ML	1.00	0.01	0.93^{ns}	
		DSB	4.78	3.48	2.48×10^{-3}	
		模型			$<2\times10^{-6}$	29.2

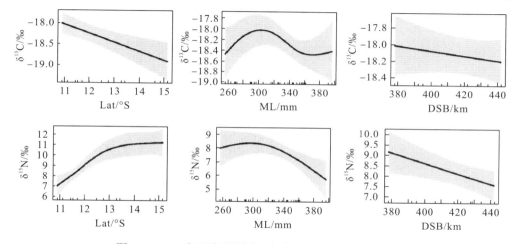

图 4-3　2013 年下角质颚碳、氮稳定同位素的反应曲线

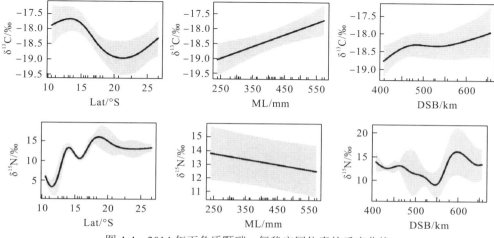

图 4-4　2014 年下角质颚碳、氮稳定同位素的反应曲线

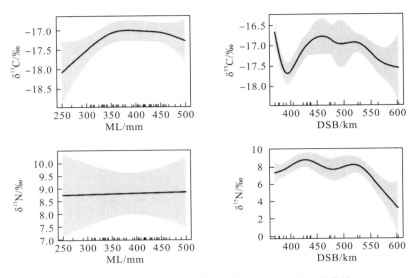

图 4-5 2015 年下角质颚碳、氮稳定同位素的反应曲线

茎柔鱼是贪婪的机会主义捕食者(Nigmatullin et al.，2001；Markaida et al.，2008)，其主要的食物组成为浮游动物、甲壳类、头足类和鱼类(Nigmatullin et al.，2001；Markaida and Sosa-Nishizaki，2003；Markaida，2006)。由于 $\delta^{13}C$ 比较稳定，在不同营养级间的变化不大，因此 $\delta^{13}C$ 被认为可以用于追踪食物的来源(Post，2002)。相反，$\delta^{15}N$ 从被捕食者到捕食者逐渐富集，可以用来估算研究对象的营养位置(DeNiro and Epstein，1981；Post，2002)。本研究发现，$\delta^{13}C$ 和 $\delta^{15}N$ 在 3 年间具有显著性差异($P<0.01$)，这与前人的研究结果相一致(Li et al.，2017)。因此，研究认为在正常年份(2013 年和 2014 年)和弱厄尔尼诺年(2015 年)茎柔鱼在栖息地和摄食习性上均存在差异。$\delta^{15}N$ 在不同年份间的差异可能是外界生物化学环境的差异导致的。例如，在秘鲁外海，在纬度上 6° 的差异可使 $\delta^{15}N$ 基线的差异达到 5.2‰(Lorrain et al.，2011)。这种基线的差异可以通过食物链的方式传递到茎柔鱼，而且后面的讨论认为茎柔鱼营养生态位的时空差异更多地可能是基线的差异导致的。

本研究发现，纬度是解释 $\delta^{13}C$ 和 $\delta^{15}N$ 的主要因子(表 4-2)，这与前人的研究结果相一致(Argüelles et al.，2012；Ruiz-Cooley and Gerrodette，2012)。2013 年和 2014 年(正常年份)稳定同位素与纬度之间的关系较为相似。例如，2014 年，$\delta^{13}C$ 从 11°~20°S 逐渐减小，从 20°~27°S 逐渐增加(图 4-4)。$\delta^{13}C$ 的峰值出现在 11°S 附近，而且前人研究发现这一海域的初级生产力最高(Echevin et al.，2008；Argüelles et al.，2012)。洪堡海流系统(HCS)中的最小含氧层(OML)不仅强烈而且很浅，$\delta^{15}N$ 的基线值随纬度变化而改变(Chavez et al.，2008；Paulmier and Ruiz-Pino，2009；Mollier-Vogel et al.，2012)。2014 年，角质颚的 $\delta^{15}N$ 从 11°~20°S 增长较大，20°~27°S 轻微波动(图 4-4)，这与洪堡海流系统中海水 $\delta^{15}N$ 的变化趋势相一致(Mollier-Vogel et al.，2012)。海水中的平均 $\delta^{15}N$ 从秘鲁北部海域到智利北部海域逐渐增加，然后从智利北部海域到南部海域逐渐减小(Mollier-Vogel et al.，2012)。在本研究中，2014 年反应曲线中 $\delta^{15}N$ 在 15°S 出现轻微的

下降(图 4-4)，这可能是因为茎柔鱼角质颚的 $\delta^{15}N$ 不仅受空间变化的影响，而且受个体营养位置的影响(Ruiz-Cooley and Gerrodette，2012；Liu et al.，2018)。

4.2　稳定同位素的时空差异

正常年份(2013 年和 2014 年)秘鲁外海茎柔鱼角质颚的 $\delta^{13}C$ 均显著小于弱厄尔尼诺年(2015 年)的 $\delta^{13}C$(t-test，$P<0.01$)，然而正常年份(2013 年和 2014 年)的 $\delta^{15}N$ 均显著大于弱厄尔尼诺年份(2015 年)的 $\delta^{15}N$(t-test，$P<0.05$)。在智利外海，$\delta^{13}C$ 和 $\delta^{15}N$ 在正常年份(2014 年)和弱厄尔尼诺年份(2015 年)均存在显著性差异(图 4-6，表 4-3)。

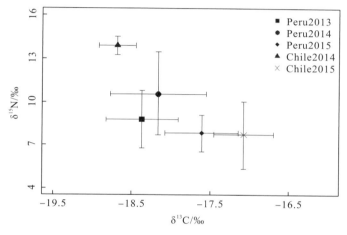

图 4-6　不同年份不同地理区域茎柔鱼下角质颚稳定同位素的平均值和标准差

注：Peru 2013 表示在 2013 年秘鲁外海采集的样本，Chile 2014 表示 2014 年在智利外海采集的样本，以此类推，下同。

在 2014 年(正常年份)，秘鲁外海茎柔鱼角质颚的 $\delta^{13}C$ 显著大于智利外海的 $\delta^{13}C$(t-test，$P<0.01$)，然而秘鲁外海茎柔鱼角质颚的 $\delta^{15}N$ 显著小于智利外海的 $\delta^{15}N$(t-test，$P<0.01$)。在 2015 年(弱厄尔尼诺年份)，$\delta^{13}C$ 在秘鲁和智利之间存在显著性差异(t-test，$P<0.01$)，$\delta^{15}N$ 在秘鲁和智利之间不存在显著性差异(t-test，$P>0.05$)。

表 4-3　2013～2015 年秘鲁和智利外海茎柔鱼下角质颚侧壁同位素值

样本	$\delta^{13}C$				$\delta^{15}N$			
	最小值	最大值	平均值	标准差	最小值	最大值	平均值	标准差
Peru 2013	−19.31	−17.40	−18.37	0.46	6.07	12.11	8.80	2.00
Peru 2014	−19.21	−17.02	−18.16	0.61	4.64	14.39	10.58	2.89
Peru 2015	−18.44	−16.20	−17.61	0.47	5.75	12.33	7.83	1.30
Chile 2014	−19.06	−18.35	−18.69	0.24	12.75	15.08	13.89	0.65
Chile 2015	−17.95	−16.13	−17.07	0.38	2.39	11.72	7.73	2.35

2013～2015 年 GAM 的结果显示胴长均是影响 $\delta^{13}C$ 和 $\delta^{15}N$ 的主要因子，2013 年和 2014 年（正常年份）角质颚稳定同位素与胴长的关系也是相似的。在 2013 年，$\delta^{13}C$ 随胴长的增长而波动，并没有明显的趋势，可能是 2013 年的胴长范围较小导致的（图 4-3）；在 2014 年，胴长在 240～575mm，$\delta^{13}C$ 与胴长呈显著正相关关系（图 4-4）。$\delta^{13}C$ 随胴长的增加而变化，表明随着个体的生长，茎柔鱼可能洄游和栖息在不同的区域。茎柔鱼在洄游的过程中，$\delta^{15}N$ 的基线值也不断地变化，因此角质颚 $\delta^{15}N$ 随胴长的变化不能用来解释茎柔鱼营养位置的改变。同时，角质颚的 $\delta^{13}C$ 从 11°～20°S 逐渐减小，随后从 20°～27°S 逐渐增加（图 4-4）。因此我们推断随个体的生长秘鲁海域的一部分茎柔鱼向低纬游去，另外，智利外海的茎柔鱼是秘鲁海域的另一部分茎柔鱼洄游而来的，这与前人的推论相一致（Anderson and Rodhouse，2001；Keyl et al.，2008）。在正常年份（2013 年和 2014 年），$\delta^{15}N$ 随个体的生长而减小（图 4-3 和图 4-4），表明茎柔鱼洄游到 $\delta^{15}N$ 基线较低的海域（Lorrain et al.，2011）。Li 等（2017）分析了内壳的稳定同位素，同时发现在正常年份（2013 年和 2014 年），$\delta^{15}N$ 随个体的生长而减小。

与正常年份（2013 年和 2014 年）相比，弱厄尔尼诺年（2015 年）$\delta^{13}C$ 随胴长的变化较小（图 4-3～图 4-5），与 2009 年（厄尔尼诺年）内壳稳定同位素的结果相似（Li et al.，2017）。$\delta^{13}C$ 从 250～350mm 逐渐增大，然后在 350～500mm 保持相对稳定，表明胴长在 250～350mm 的茎柔鱼栖息地可能发生了改变，随后栖息在相似的栖息地。在厄尔尼诺年（2015 年），尽管 $\delta^{15}N$ 的平均值随胴长增大无显著的变化趋势，但 $\delta^{15}N$ 在给定的胴长下具有较大的差异，表明茎柔鱼这一机会主义捕食者捕食多种不同营养位置的被捕食者（Ruiz-Cooley et al.，2010；Lorrain et al.，2011）。茎柔鱼的营养模式在正常年份（2013 年和 2014 年）和弱厄尔尼诺年份（2015 年）的差异可能是较短的水平洄游导致的。在厄尔尼诺年份，赤道逆流增强，将暖的赤道的表层海水带到近岸，减弱了上升流，同时使茎柔鱼适宜的栖息地变窄（Keyl et al.，2008；Yu and Chen，2018）。

4.3　营养生态位的时空差异

2013 年、2014 年和 2015 年秘鲁外海茎柔鱼营养生态位的宽度分别为 2.97‰^{2}、5.71‰^{2} 和 1.83‰^{2}，2014 年和 2015 年智利外海茎柔鱼营养生态位的宽度分别为 0.30‰^{2} 和 2.60‰^{2}。

在秘鲁外海，2013 年和 2014 年、2013 年和 2015 年，以及 2014 年和 2015 年的生态位的重叠率分别为 72.40%、3.76% 和 4.98%（图 4-7）。在智利外海，2014 年和 2015 年的生态位没有重叠（图 4-7）。

在 2014 年，秘鲁外海和智利外海茎柔鱼的生态位没有重叠（图 4-7），然而在 2015 年，秘鲁外海和智利外海茎柔鱼生态位的重叠率为 21.37%。

在时间差异方面，相同区域不同年份的稳定同位素具有显著差异（表 4-3，图 4-6），本研究认为茎柔鱼的洄游和营养位置在年间可能发生了变化。在秘鲁外海，2013 年和 2014 年（正常年份）茎柔鱼的生态位较为相似（图 4-7），2013 年（正常年份）和 2015 年（弱厄尔尼诺年）生态位的重叠率（3.76%）与 2014 年（正常年份）和 2015 年（弱厄尔尼诺年）生态位的重叠率（4.98%）均较小。因此本研究认为在厄尔尼诺年份茎柔鱼的栖息地可能发生了变化，

这与 Li 等(2017)的研究结果有所不同。在智利外海，正常年份(2014 年)和弱厄尔尼诺年
(2015 年)的生态位存在显著差异，而且生态位之间没有重叠，这可能是因为 2014 年的茎
柔鱼样本采集于智利北部海域，2015 年的茎柔鱼样本采集于智利南部海域，因此同位素
和生态位的差异可能是采样年份和地理区域差异共同作用的结果。

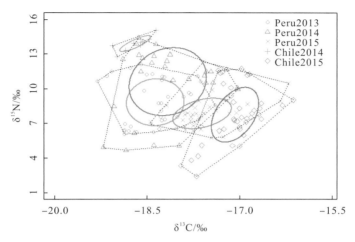

图 4-7　不同年份不同地理区域茎柔鱼的生态位图

注：实线包围的椭圆表示不同组的营养生态位

　　不同的地理群体，茎柔鱼的营养模式也存在差异，$\delta^{13}C$ 在秘鲁和智利之间的差异显著
(图 4-6)，表明茎柔鱼在不同的海域栖息和摄食(Lorrain et al.，2011；Liu et al.，2018)，
因此研究认为 $\delta^{13}C$ 可以用于判别不同地理群体的茎柔鱼(Ruiz-Cooley et al.，2010；Liu
et al.，2018)。在 2014 年，秘鲁外海和智利外海茎柔鱼的生态位之间没有重叠，可能是地
理区域不同，以及 2014 年智利的样本过少导致的。然而，2015 年秘鲁和智利的 $\delta^{15}N$ 差异
性不显著，表明茎柔鱼可能摄食了相同营养位置的被捕食者。

4.4　小　　结

　　本章测定了东南太平洋茎柔鱼下角质颚侧壁边缘的稳定同位素，利用 GAM 评估了厄
尔尼诺事件对茎柔鱼洄游和摄食生态学的影响。研究认为，与正常年份相比，厄尔尼诺年
份茎柔鱼的水平洄游减小，生态位在不同年份不同地理区域存在差异。研究表明，厄尔尼
诺事件对茎柔鱼的洄游和摄食生态学具有很大影响，营养模式的时空差异表明茎柔鱼具有
很强的能力适应外界环境的变化。本研究促进了对茎柔鱼营养生态学的了解，为茎柔鱼渔
业资源的保护和管理提供了基础信息。

第 5 章 气候变化对茎柔鱼不同生活史阶段生态位的影响

　　角质颚是头足类的主要摄食器官，储存着大量的生态学信息。角质颚物质的沉积记录着头足类整个生活史的全部信息，在以往的研究中，主要是对个体的整个角质颚的稳定同位素进行分析，然而整个角质颚的稳定同位素只能反映个体的平均营养位置，不能反映个体在不同生长阶段的摄食状态。角质颚侧壁生长纹的日周期性被证实，因此本章在时间序列上对角质颚侧壁进行连续取样，探讨气候变化事件对茎柔鱼不同生活史阶段生态位的影响。

　　2013~2016 年在秘鲁外海共采集 137 尾(95 尾雌性和 42 尾雄性)茎柔鱼样本，2015年在智利外海采集 40 尾雌性茎柔鱼样本，在每一个站点所采集的样本均从渔获物中随机取样，并对采集的样本冷冻处理(表 5-1，图 5-1)。在本研究中，2013 年和 2014 年为正常年份，2015 年采集的茎柔鱼经历的厄尔尼诺事件较弱，为弱厄尔尼诺年，2016 年采集的茎柔鱼经历的厄尔尼诺事件较强，为强厄尔尼诺年。

表 5-1　东南太平洋茎柔鱼样本信息

样本	性别	样本数/尾	胴长/mm				下侧壁长/mm			
			最小值	最大值	平均值	标准差	最小值	最大值	平均值	标准差
Peru 2013	雌性	25	257	362	315.84	41.34	15.66	24.34	20.34	2.54
	雄性	11	264	396	323.45	44.20	16.11	23.73	19.52	2.69
Peru 2014	雌性	21	240	524	369.10	83.80	14.32	35.66	21.99	5.96
	雄性	8	408	575	477.38	64.99	21.00	37.91	27.06	5.14
Peru 2015	雌性	25	250	456	367.40	66.75	13.26	28.68	21.91	4.07
	雄性	11	286	490	414.91	65.03	15.87	27.66	23.60	3.61
Peru 2016	雌性	24	288	358	308.54	13.73	16.40	23.51	18.71	1.60
	雄性	12	231	319	294.58	22.73	12.10	19.20	16.93	1.78
Chile 2015	雌性	40	308	479	367.00	40.19	21.03	28.94	24.17	1.96

　　茎柔鱼生物学的测定和角质颚的提取见第 2 章。胡贯宇等(2017b)研究表明，茎柔鱼的日龄和下侧壁长的关系符合线性模型，公式如下：

$$Age = 9.96\,LLWL + 27.68$$

式中，Age 为茎柔鱼的日龄；LLWL 为下侧壁长。

第 5 章　气候变化对茎柔鱼不同生活史阶段生态位的影响　　　　　49

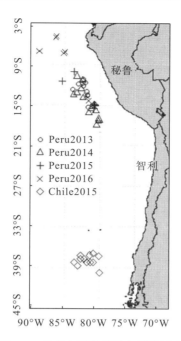

图 5-1　东南太平洋茎柔鱼采样站点

　　根据日龄与下侧壁长的关系，对下角质颚的侧壁进行取样，下侧壁生长纹呈"V"形，用剪刀对下角质颚的侧壁进行取样，从喙部顶端到侧壁边缘剪下 5 段（图 5-2），分别代表仔鱼期（10d）、稚鱼期（70d）、亚成鱼期（120d）、成鱼期（180d）和捕捞日角质颚的物质沉积（Arkhipkin，2005；Zumholz et al.，2007b），每一段样本的宽度为 1mm，代表 10d 的平均组织合成。

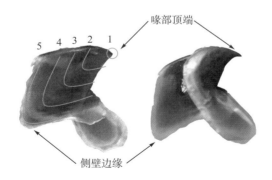

图 5-2　下角质颚侧视图

注：1～5 分别代表仔鱼期、稚鱼期、亚成鱼期、成鱼期和捕捞日

　　对 177 尾茎柔鱼的下角质颚进行取样，每个角质颚剪切出 5 段，共准备 885 个样本进行稳定同位素分析。稳定同位素分析的方法见第 4 章。角质颚碳、氮稳定同位素的计算公式如下：

$$\delta X = (R_{sample}/R_{standard} - 1) \times 1000$$

式中，X 为 ^{13}C 或 ^{15}N；$R_{sample}/R_{standard}$ 为 δ^{13}C/δ^{12}C 或 δ^{15}N/δ^{14}N。

广义线性模型(generalized linear models，GLM)是线性模型在数学上的延伸，适用于非线性和非恒定的方差结构，被广泛应用于生态学的研究(Guisan et al.，2002；Kato et al.，2016)，为了分析性别、生活史阶段、年份和地理区域对角质颚稳定同位素的影响，建立了 GLM：

$$SI = s(Sex) + s(Stage) + s(Year) + s(Area) + \varepsilon$$

式中，SI 为测定的稳定同位素(δ^{13}C 或 δ^{15}N)；Sex 为性别；Stage 为茎柔鱼的生活史阶段；Year 为采样年份；Area 为地理区域；ε 为模型的误差。

采用 t-test 分析稳定同位素的性别差异；利用 ANOVA 法检验稳定同位素在不同生活史阶段的差异；利用 ANOVA 检验秘鲁外海茎柔鱼角质颚稳定同位素的年间差异；采用 t-test 分析秘鲁和智利外海茎柔鱼下角质颚稳定同位素的差异。

利用标准椭圆面积法计算生态位的宽度，以及生态位在不同性别、生活史阶段、年份和地理区域的重叠率(Jackson et al.，2011)。利用 R 语言的"SIBER"包对不同标准椭圆面积进行差异性分析(Kernaléguen et al.，2016)。本研究利用 R 3.5.1 进行统计分析。

5.1　同位素值的差异

GLM 结果显示，采样年份和地理区域对 δ^{13}C 的影响均极显著($P<0.001$)，然而性别和生活史阶段对 δ^{13}C 的影响不显著($P>0.05$)(表 5-2)。所有解释变量(性别、生活史阶段、采样年份和地理区域)对 δ^{15}N 的影响均显著($P<0.05$)(表 5-2)。

表 5-2　东南太平洋茎柔鱼下角质颚侧壁稳定同位素 GLM 的统计输出

解释变量	δ^{13}C			δ^{15}N		
	标准误	t 值	P	标准误	t 值	P
性别	0.057	-0.336	0.737	0.183	2.316	0.021
生活史阶段	0.016	-0.098	0.922	0.052	-4.969	8.11×10^{-7}
采样年份	0.023	5.589	3.1×10^{-8}	0.074	-14.700	$<2\times10^{-8}$
地理区域	0.059	8.169	1.1×10^{-10}	0.189	9.720	$<2\times10^{-8}$

在秘鲁外海茎柔鱼下角质颚同位素的性别差异方面，δ^{13}C 仅在 2013 年第 3 阶段和第 5 阶段雌、雄个体间的差异显著(t-test，$P<0.05$)，其他组雌、雄个体间的差异均不显著(t-test，$P>0.05$)。δ^{15}N 仅在 2014 年第 2 到第 4 阶段雌、雄个体间的差异显著(t-test，$P<0.05$)，其他组雌、雄个体间的差异均不显著(t-test，$P>0.05$)。

在下角质颚稳定同位素不同生活史阶段的差异方面，δ^{13}C 在 2013 年秘鲁外海茎柔鱼和 2015 年智利外海茎柔鱼不同生活史阶段间具有显著差异(ANOVA，$P<0.001$)，在正常年份(2013 年和 2014 年)和弱厄尔尼诺年(2015 年)秘鲁外海茎柔鱼不同生活史阶段间的差异不显著(ANOVA，$P>0.05$)。δ^{15}N 在 2014 年和 2016 年秘鲁外海茎柔鱼，以及 2015

年智利外海茎柔鱼不同生活史阶段间的差异显著(ANOVA，$P<0.001$)，在 2013 年和 2015 年秘鲁外海茎柔鱼不同生活史阶段间的差异不显著(ANOVA，$P>0.05$)。

在秘鲁外海茎柔鱼下角质颚同位素的年间差异方面，$\delta^{13}C$ 在雌性个体第 1 和第 2 生活史阶段，以及雄性个体第 1 到第 3 生活史阶段不同年份间差异显著(ANOVA，$P<0.05$)。$\delta^{15}N$ 在雌性和雄性整个生活史阶段不同年份间的差异均显著(ANOVA，$P<0.01$)。

在下角质颚稳定同位素不同地理区域的差异方面，在 2015 年(弱厄尔尼诺年)，$\delta^{13}C$ 在雌性个体第 1 阶段和第 5 阶段不同地理区域间的差异显著(t-test，$P<0.01$)，$\delta^{15}N$ 在雌性个体第 1 到第 3 阶段不同地理区域间的差异显著(t-test，$P<0.05$)(表 5-3，图 5-3)。

表 5-3　东南太平洋茎柔鱼下角质颚的同位素值

样本	性别	生活史阶段	$\delta^{13}C$/‰		$\delta^{15}N$/‰	
			平均值	标准差	平均值	标准差
Peru 2013	雌	1	−18.02	0.52	9.36	1.76
		2	−17.50	0.34	10.16	1.67
		3	−17.22	0.36	10.97	1.48
		4	−17.30	0.40	10.38	1.89
		5	−18.27	0.46	8.72	1.92
	雄	1	−18.21	0.47	10.44	2.14
		2	−17.63	0.37	10.83	1.69
		3	−17.56	0.43	11.78	1.73
		4	−17.45	0.32	11.22	1.98
		5	−18.59	0.40	8.99	2.27
Peru 2014	雌	1	−18.45	0.54	8.32	3.12
		2	−17.99	0.51	10.42	2.45
		3	−17.93	0.55	11.42	2.20
		4	−17.84	0.62	11.81	2.50
		5	−18.24	0.59	10.08	3.20
	雄	1	−18.19	0.26	10.15	2.56
		2	−17.94	0.28	12.27	1.49
		3	−17.97	0.27	12.99	1.31
		4	−17.85	0.38	13.73	0.98
		5	−17.98	0.66	11.84	1.36
Peru 2015	雌	1	−17.40	0.56	8.43	1.85
		2	−16.82	0.44	9.00	1.41
		3	−16.73	0.49	9.84	1.33
		4	−16.70	0.44	9.18	1.16
		5	−17.57	0.50	7.71	1.14

续表

样本	性别	生活史阶段	$\delta^{13}C/‰$		$\delta^{15}N/‰$	
			平均值	标准差	平均值	标准差
Peru 2015	雄	1	-17.21	0.73	7.74	1.35
		2	-16.73	0.66	8.74	2.20
		3	-16.77	0.81	9.75	1.90
		4	-16.61	0.67	9.60	2.19
		5	-17.70	0.38	8.12	1.67
Peru 2016	雌	1	-17.62	0.43	7.66	0.68
		2	-17.44	0.39	7.44	0.65
		3	-17.24	0.41	8.02	0.70
		4	-17.41	0.47	7.26	0.76
		5	-18.40	0.75	5.74	0.76
	雄	1	-17.46	0.40	7.25	0.92
		2	-17.39	0.41	7.19	0.41
		3	-17.27	0.44	7.78	0.43
		4	-17.46	0.39	7.05	0.51
		5	-18.44	0.55	5.61	1.01
Chile 2015	雌	1	-17.87	0.69	12.17	2.02
		2	-16.78	0.32	10.90	2.10
		3	-16.82	0.38	11.03	2.65
		4	-16.63	0.36	9.99	2.28
		5	-17.07	0.38	7.73	2.35

GLM 显示，生活史阶段对 $\delta^{13}C$ 无显著影响，对 $\delta^{15}N$ 具有显著影响。研究发现，2013～2016 年秘鲁外海茎柔鱼下角质颚 $\delta^{15}N$ 随着生活史阶段增大呈波动状态，而且 2015 年智利外海 $\delta^{15}N$ 随着生活史阶段增大逐渐减小，这与以往的一些研究有所不同(Ruiz-Cooley et al.，2006，2010)。本研究认为茎柔鱼既是机会主义捕食者，又是高度洄游的种类，下角质颚的 $\delta^{15}N$ 不仅受食物营养位置的影响，还受 $\delta^{15}N$ 基线值的影响(Nigmatullin et al.，2001；Ruiz-Cooley and Gerrodette，2012；Liu et al.，2018)。此外，前人的研究也发现 $\delta^{15}N$ 随着生长出现波动或减小的情况，表明茎柔鱼具有高度多样的食物来源和摄食史(Lorrain et al.，2011；Li et al.，2017)。

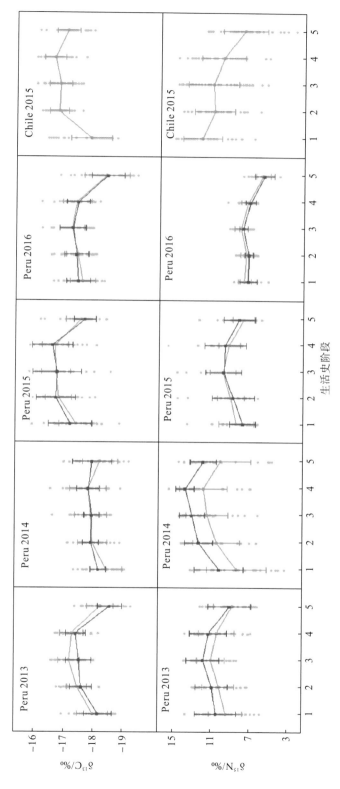

图5-3　不同年份不同地理区域茎柔鱼鱼雌、雄个体下角质颚在不同生活史阶段的同位素值

红色代表雌性，蓝色代表雄性

5.2 不同生活史阶段生态位的差异

在秘鲁外海，在正常年份(2013 年和 2014 年)和弱厄尔尼诺年(2015 年)，雌性第 1 阶段与第 3 阶段、第 4 阶段生态位重叠率为 0%~19%，雄性第 1 阶段与第 3、第 4 阶段生态位重叠率为 0%~23%；然而，在强厄尔尼诺年(2016 年)，雌性第 1 阶段与第 3 阶段、第 4 阶段生态位重叠率为 33%~59%，雄性第 1 阶段与第 3 阶段、第 4 阶段生态位重叠率为 55%~92%(表 5-4、表 5-5)。在正常年份(2013 年和 2014 年)和弱厄尔尼诺年(2015 年)，雌性第 1 阶段与第 5 阶段生态位重叠率为 62%~66%，雄性第 1 阶段与第 5 阶段生态位重叠率为 29%~57%。然而，在强厄尔尼诺年(2016 年)，第 1 阶段与第 5 阶段的生态位没有重叠。除了 2014 年，茎柔鱼第 5 阶段与第 2 到第 4 阶段的生态位均没有重叠(图 5-4)。

在智利外海，在 2015 年，雌性第 1 阶段与第 2 到第 4 阶段生态位均没有重叠，其他阶段之间生态位重叠率为 17%~99%(表 5-4，图 5-4)。

表 5-4 不同组雌性个体生态位在不同生活史阶段的差异

样本		Stage 1	Stage 2	Stage 3	Stage 4	Stage 5
	Stage 1		0.027	0.003	0.247	0.419
	Stage 2	15/25		0.200	0.119	0.043
Peru 2013	Stage 3	0/0	21/27		0.023	0.008
	Stage 4	8/9	77/55	89/49		0.312
	Stage 5	60/63	0/0	0/0	0/0	
	Stage 1		0.163	0.135	0.386	0.363
	Stage 2	29/40		0.467	0.243	0.099
Peru 2014	Stage 3	13/19	69/72		0.215	0.082
	Stage 4	10/11	64/52	94/74		0.269
	Stage 5	66/59	86/57	72/46	52/42	
	Stage 1		0.223	0.020	0.333	0.142
	Stage 2	7/11		0.097	0.367	0.034
Peru 2015	Stage 3	0/0	48/47		0.047	0.001
	Stage 4	4/6	72/74	64/68		0.065
	Stage 5	37/62	0/0	0/0	0/0	
	Stage 1		0.421	0.156	0.119	0.003
	Stage 2	65/73		0.111	0.082	0.001
Peru 2016	Stage 3	33/32	40/34		0.439	0.059
	Stage 4	59/46	90/64	40/33		0.080
	Stage 5	0/0	0/0	0/0	0/0	

样本		Stage 1	Stage 2	Stage 3	Stage 4	Stage 5
	Stage 1		0.002	0.088	0.499	0.357
	Stage 2	0/0		0.079	0.002	0.010
Chile 2015	Stage 3	0/0	99/68		0.096	0.162
	Stage 4	0/0	68/55	50/59		0.362
	Stage 5	0/0	17/14	20/25	19/20	

注：对于每一个组，左下角的数值为生态位的重叠率(%)，第一个数值表示较早的阶段与较晚阶段的重叠率，第二个数值为较晚阶段与较早阶段的重叠率；右上角的数值为生态位差异性比较的 P 值；Stage 1 表示生活史第 1 阶段，以此类推，下同。

表 5-5　不同组雄性个体生态位在不同生活史阶段的差异

样本		Stage 1	Stage 2	Stage 3	Stage 4	Stage 5
	Stage 1		0.094	0.175	0.117	0.395
	Stage 2	14/26		0.356	0.459	0.144
Peru 2013	Stage 3	4/7	58/50		0.411	0.253
	Stage 4	0/0	60/56	74/80		0.185
	Stage 5	31/35	0/0	0/0	0/0	
	Stage 1		0.222	0.140	0.111	0.394
	Stage 2	26/38		0.375	0.331	0.157
Peru 2014	Stage 3	14/23	64/76		0.452	0.092
	Stage 4	0/0	23/29	46/50		0.078
	Stage 5	29/27	68/44	44/24	0/0	
	Stage 1		0.111	0.079	0.488	0.031
	Stage 2	23/26		0.403	0.108	0.001
Peru 2015	Stage 3	0/0	42/60		0.068	0.001
	Stage 4	0/0	42/49	79/64		0.031
	Stage 5	35/57	0/0	0/0	0/0	
	Stage 1		0.028	0.005	0.136	0.324
	Stage 2	45/94		0.244	0.195	0.063
Peru 2016	Stage 3	29/55	22/20		0.065	0.015
	Stage 4	48/92	82/75	15/15		0.261
	Stage 5	0/0	0/0	0/0	0/0	

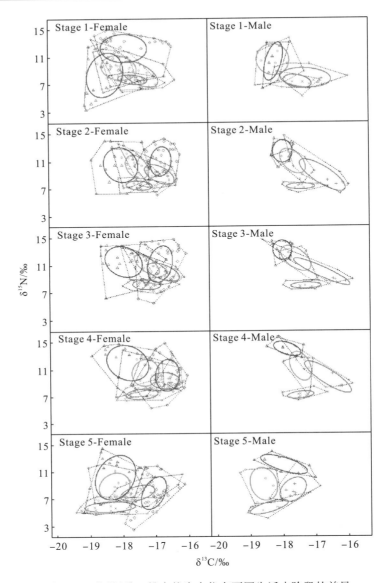

图 5-4　不同组雌、雄个体生态位在不同生活史阶段的差异

注：实线包围的椭圆为标准椭圆区域，红色、蓝色、绿色、暗洋红色和墨绿色分别代表 2013 年秘鲁、2014 年秘鲁、2015 年秘鲁、2016 年秘鲁和 2015 年智利外海的茎柔鱼样本；Stage 1 - Female 表示雌性第 1 阶段，Stage 1 - Male 表示雄性第 1 阶段，以此类推

在秘鲁外海，在正常年份（2013 年和 2014 年）和弱厄尔尼诺年（2015 年），生态位在第 1 阶段与第 3 阶段、第 4 阶段之间的重叠率很小，然而第 1 阶段与第 5 阶段生态位的重叠率很高。本研究认为，第 3 阶段和第 4 阶段的生态位与第 1 阶段的生态位出现了分离，茎柔鱼可能在第 3 阶段和第 4 阶段洄游到了不同的栖息地，在第 5 阶段时，茎柔鱼可能又返回并栖息在与仔鱼期相似的栖息地。前人研究认为，在洪堡海流的作用下，大部分茎柔鱼的仔鱼随洪堡海流向北流去，稚鱼在洪堡海流中生长，随后茎柔鱼被输送到西边的南赤道流，一部分成鱼最终向南洄游，回到产卵场（Anderson and Rodhouse，2001；Keyl et al.，2008）。

在强厄尔尼诺年(2016 年)，生态位在第 1 阶段与第 2 到第 4 阶段生态位的重叠率较大，第 1 阶段与第 5 阶段的生态位之间没有重叠，这可能是厄尔尼诺事件导致的。海水温度对茎柔鱼的资源丰度和分布范围具有很大的影响(Waluda and Rodhouse，2006；Waluda et al.，2006；Yu et al.，2016；Yu and Chen，2018)。在厄尔尼诺期间，海水温度异常升高，赤道逆流增强，将暖的赤道表层海水带到近岸，减弱了上升流，同时使茎柔鱼适宜栖息地变窄(Keyl et al.，2008；Yu and Chen，2018)，导致茎柔鱼水平洄游范围减小，仔鱼期到成鱼期栖息在相似的海域。Yu 和 Chen(2018)研究了海洋变暖对秘鲁外海茎柔鱼栖息地和空间分布的影响，发现在海洋变暖的情况下，茎柔鱼的栖息地会减小且会向南移动。

在智利外海，$\delta^{13}C$ 和 $\delta^{15}N$ 在不同生活史阶段的差异显著，而且雌性个体的生态位在第 1 阶段与第 2 到第 5 阶段没有重叠，表明茎柔鱼的栖息地在仔鱼期之后发生了变化。从仔鱼期到成鱼期，$\delta^{15}N$ 逐渐减小，这可能是因为茎柔鱼洄游到了 $\delta^{15}N$ 基线值较低的海域(Lorrain et al.，2011)。前人研究认为，秘鲁外海的茎柔鱼先在沿岸海域进行了南北洄游，随后在沿岸和大洋之间又进行了东西方向的洄游(Nigmatullin et al.，2001；Liu et al.，2016)。

5.3　不同年份和地理区域生态位的差异

在秘鲁外海茎柔鱼雌性个体的年间差异方面，在整个生活史阶段 2013 年与 2014 年(正常年份)之间生态位的重叠均较大，在第 5 阶段生态位重叠率达到最大(98%)。在第 1 阶段，2015 年和 2016 年(厄尔尼诺年份)之间的生态位重叠率为 62%，在其他生活史阶段，2015 年和 2016 年生态位之间均不重叠。弱厄尔尼诺年(2015 年)与正常年份(2013 年和 2014 年)之间生态位重叠率分别为 6%～37%和 0%～5%，在第 1 阶段后，强厄尔尼诺年(2016 年)与正常年份(2013 年和 2014 年)及弱厄尔尼诺年(2015 年)生态位之间不重叠(表 5-6，图 5-4)。除了第 3 和第 5 阶段，强厄尔尼诺年(2016 年)的标准椭圆面积显著小于 2013 年(正常年份)($P<0.01$)，而且强厄尔尼诺年(2016 年)的标准椭圆面积在整个生活史阶段均显著小于 2014 年(正常年份)($P<0.01$)(表 5-6，图 5-4)。

表 5-6　不同生活史阶段雌性个体生态位在不同年份不同地理区域的差异

生活史阶段		Peru 2013	Peru 2014	Peru 2015	Peru 2016	Chile 2015
1	Peru 2013		0.023	0.444	0.000	
	Peru 2014	60/32		0.013	0.000	
	Peru 2015	31/33	1/3		0.000	0.033
	Peru 2016	9/31	1/9	20/62		
	Chile 2015			1/1		
2	Peru 2013		0.004	0.506	0.005	
	Peru 2014	48/21		0.005	0.000	
	Peru 2015	6/6	0/0		0.004	0.214
	Peru 2016	0/0	0/0	0/0		
	Chile 2015			34/27		

续表

生活史阶段		Peru 2013	Peru 2014	Peru 2015	Peru 2016	Chile 2015
3	Peru 2013		0.001	0.172	0.094	
	Peru 2014	22/7		0.004	0.000	
	Peru 2015	37/28	0/0		0.011	0.014
	Peru 2016	0/0	0/0	0/0		
	Chile 2015			69/39		
4	Peru 2013		0.010	0.090	0.006	
	Peru 2014	45/22		0.000	0.000	
	Peru 2015	8/12	0/0		0.092	0.033
	Peru 2016	0/0	0/0	0/0		
	Chile 2015			81/51		
5	Peru 2013		0.005	0.037	0.066	
	Peru 2014	98/45		0.000	0.000	
	Peru 2015	3/6	1/5		0.386	0.044
	Peru 2016	0/0	0/0	0/0		
	Chile 2015			29/19		

在秘鲁外海茎柔鱼雄性个体的年间差异方面,在第1阶段,正常年份间(2013年和2014年)及厄尔尼诺年份间(2015年和2016年)生态位的重叠率均最大,分别为86%和95%(表5-7,图5-4)。弱厄尔尼诺年(2015年)与强厄尔尼诺年(2016年)的生态位在第1阶段后出现了分离,在第2到第4阶段,正常年份(2013年)和弱厄尔尼诺年(2015年)的生态位有重叠,然而强厄尔尼诺年(2016年)与正常年份(2013年和2014年)在整个生活史阶段均没有重叠(表5-7,图5-4)。在整个生活史阶段,2016年(强厄尔尼诺年)的标准椭圆面积均小于2014年(正常年份)且显著小于2013年(正常年份)($P<0.05$)(表5-7,图5-4)。

表5-7　不同生活史阶段雄性个体生态位在不同年份不同地理区域的差异

生活史阶段		Peru 2013	Peru 2014	Peru 2015	Peru 2016
1	Peru 2013		0.160	0.471	0.009
	Peru 2014	53/86		0.172	0.113
	Peru 2015	0/0	0/0		0.011
	Peru 2016	0/0	0/0	34/95	
2	Peru 2013		0.262	0.093	0.002
	Peru 2014	30/38		0.033	0.025
	Peru 2015	10/6	0/0		0.000
	Peru 2016	0/0	0/0	0/0	
3	Peru 2013		0.105	0.285	0.002
	Peru 2014	24/41		0.038	0.075
	Peru 2015	24/24	0/0		0.000
	Peru 2016	0/0	0/0	0/0	

续表

生活史阶段		Peru 2013	Peru 2014	Peru 2015	Peru 2016
4	Peru 2013		0.114	0.162	0.004
	Peru 2014	7/12		0.024	0.089
	Peru 2015	10/8	0/0		0.000
	Peru 2016	0/0	0/0	0/0	
5	Peru 2013		0.320	0.195	0.048
	Peru 2014	0/0		0.359	0.136
	Peru 2015	0/0	0/0		0.225
	Peru 2016	0/0	0/0	1/2	

在 2015 年雌性个体地理区域的差异方面，在第 1 阶段，秘鲁和智利外海茎柔鱼生态位的重叠率仅为 1%，然而，第 1 阶段之后，重叠率为 29%～81%（表 5-6，图 5-4）。除了第 2 阶段，智利外海茎柔鱼的标准椭圆面积显著大于秘鲁外海（$P<0.05$）。

GLM 显示，年份对 $\delta^{13}C$ 和 $\delta^{15}N$ 的影响均显著，这与前人研究的结果有所不同（Argüelles et al.，2012）。在秘鲁外海，茎柔鱼第 1 到第 3 阶段的 $\delta^{13}C$ 在不同年份间差异显著，在所有生活史阶段，$\delta^{15}N$ 在不同年份之间的差异均显著。因此，与 $\delta^{13}C$ 相比，年份对 $\delta^{15}N$ 的影响更大。Li（2017）也研究发现，$\delta^{13}C$ 和 $\delta^{15}N$ 在不同年份之间差异均显著。$\delta^{13}C$ 的差异表明，在不同年份，茎柔鱼的栖息地可能不同（Ruiz-Cooley et al.，2010；Lorrain et al.，2011）。$\delta^{15}N$ 的年间差异可能是茎柔鱼栖息环境不同或营养位置的差异导致的（Ruiz-Cooley and Gerrodette，2012；Liu et al.，2018）。除了 2014 年（正常年份）第 1 阶段的雌性，正常年份（2013 年和 2014 年）的平均 $\delta^{15}N$ 均大于厄尔尼诺年份（2015 年和 2016 年），这可能是在厄尔尼诺年（2015 年和 2016 年）茎柔鱼的洄游路径发生了变化或茎柔鱼的营养位置降低导致的。

因此，与弱厄尔尼诺年（2015 年）相比，强厄尔尼诺年（2016 年）的环境变化对茎柔鱼的影响更大，在弱厄尔尼诺年（2015 年），茎柔鱼仅栖息地发生了变化，而在强厄尔尼诺年（2016 年），茎柔鱼的栖息地和生态位的宽度均发生了变化。这可能是 2016 年的厄尔尼诺事件比 2015 年更强导致的（Jacox et al.，2016）。

在本研究中，GLM 结果显示地理区域对 $\delta^{13}C$ 和 $\delta^{15}N$ 的影响均显著，这与前人的研究结果一致（Argüelles et al.，2012；Ruiz-Cooley and Gerrodette，2012）。秘鲁外海和智利外海稳定同位素的差异可能是食物差异导致的，因为 $\delta^{13}C$ 可以揭示食物的来源。$\delta^{15}N$ 不仅可以反映营养位置，还可以用来区分不同的地理群体，$\delta^{15}N$ 的差异可能是地理间食性和生化循环的差异引起的（Ruiz-Cooley et al.，2010；Gong et al.，2018）。茎柔鱼第 1 阶段的生态位在秘鲁外海和智利外海之间的重叠率仅 1%，与其他生活史阶段相比，仔鱼期稳定同位素可以更有效地区分不同的地理群体。在仔鱼期后，不同地理区域生态位的重叠较大可能是茎柔鱼栖息地的重叠或基线值相似导致的。

5.4　不同性别生态位的差异

在秘鲁外海，2013～2016 年茎柔鱼不同生活史阶段的生态位在雌、雄个体之间的重叠率分别为 55%～76%、68%～79%、67%～100% 和 78%～99%（表 5-8）。在 2013 年和 2016 年，标准椭圆面积在雌、雄个体之间的差异不显著（$P>0.05$）；在 2014 年，雌性个体的标准椭圆面积均显著大于雄性（$P<0.05$）；在 2015 年，雌性个体在第 3 和第 4 阶段的标准椭圆面积显著小于雄性，然而在第 1、第 2 和第 5 阶段标准椭圆面积在雌、雄个体之间的差异不显著（$P>0.05$）（图 5-5 和图 5-6）。

表 5-8　2013～2016 年秘鲁外海茎柔鱼生态位的性别差异

样本	生活史阶段	重叠率/%		生态位宽度/‰^{2}		
		雌性	雄性	雌性	雄性	P
Peru 2013	1	67	56	3.0	3.5	0.378
	2	76	69	1.7	1.9	0.413
	3	63	38	1.3	2.2	0.106
	4	57	67	2.4	2.1	0.288
	5	55	50	2.8	3.1	0.449
Peru 2014	1	28	71	5.5	2.2	0.015
	2	25	68	4.1	1.5	0.011
	3	25	75	3.9	1.3	0.003
	4	19	79	5.0	1.2	0.001
	5	26	69	6.1	2.3	0.023
Peru 2015	1	69	57	2.8	3.4	0.455
	2	100	55	1.7	3.1	0.055
	3	76	62	1.8	2.2	0.002
	4	67	42	1.7	2.7	0.000
	5	73	58	1.7	2.1	0.217
Peru 2016	1	78	58	0.9	1.2	0.231
	2	61	85	0.8	0.6	0.160
	3	60	88	0.9	0.6	0.129
	4	55	99	1.2	0.6	0.052
	5	60	80	1.8	1.4	0.236

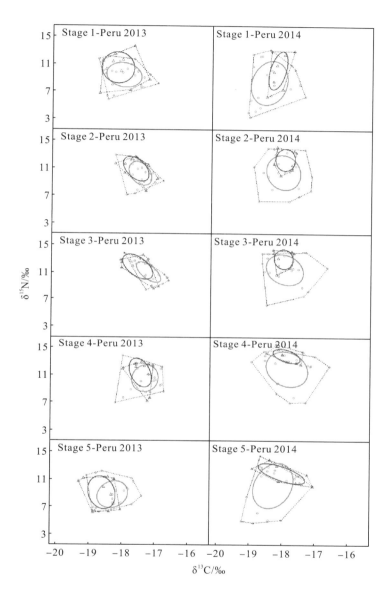

图 5-5　2013 年和 2014 年秘鲁外海茎柔鱼生态位的性别差异

注：实线包围的椭圆为标准椭圆区域，红色和蓝色分别雌性和雄性的茎柔鱼样本；Stage 1-Peru 2013 表示 2013 年秘鲁外海茎柔鱼第 1 阶段，以此类推，下同

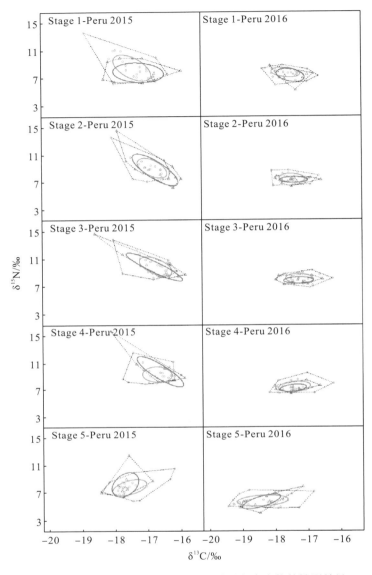

图 5-6   2015 年和 2016 年秘鲁外海茎柔鱼生态位的性别差异

　　在秘鲁外海茎柔鱼雌性个体生态位的年间差异方面，正常年份间(2013 年和 2014 年)生态位的重叠较大，正常年份(2013 年和 2014 年)与厄尔尼诺年份(2015 年和 2016 年)的生态位重叠较少。此外，研究发现，在仔鱼期之后，2015 年和 2016 年的生态位没有重叠。因此，研究认为厄尔尼诺年茎柔鱼的栖息地发生了变化，但同为厄尔尼诺年，2015 年和 2016 年又有所不同。这可能是 2015 年和 2016 年的海洋环境因子存在差异导致的(Jacox et al.，2016)。与正常年份(2013 年和 2014 年)相比，强厄尔尼诺年(2016 年)生态位的宽度显著减小。因此，在强厄尔尼诺年(2016 年)，雌性个体的栖息地不仅发生了变化，而且其生态位的宽度也变小了。这可能是因为与正常年份相比，厄尔尼诺年份的海洋环境发生了变化，导致茎柔鱼的洄游路径发生了变化，并使茎柔鱼的栖息地变小(Keyl et al.，2008；Yu and Chen，2018)。

在秘鲁外海茎柔鱼雄性个体生态位的年间差异方面，弱厄尔尼诺年(2015 年)与正常年份(2013 年)的生态位之间有重叠，强厄尔尼诺年(2016 年)与正常年份(2013 年和 2014年)的生态位之间没有重叠，而且强厄尔尼诺年(2016 年)茎柔鱼生态位的宽度小于 2014年(正常年份)且显著小于 2013 年(正常年份)。因此，对雄性个体而言，在强厄尔尼诺年(2016 年)，不仅其栖息地发生了变化，而且其生态位的宽度也变小了。

在本研究中，GLM 结果显示性别对 δ^{13}C 没有显著影响，由于 δ^{13}C 可以记录食物的来源(Post，2002)，因此雌、雄个体可能生活在相似的环境。此外，2013~2016 年秘鲁外海茎柔鱼雌、雄个体的生态位之间有较大的重叠，也表明雌、雄个体栖息在相似的区域。GLM 结果显示，性别对 δ^{15}N 有显著影响。因此，雌、雄个体的 δ^{15}N 差异可能是被捕食者的营养位置差异导致的(Cherel and Hobson，2005；Lorrain et al.，2011；Kernaléguen et al.，2016)。t 检验结果显示，在 2013~2016 年，仅 2014 年雌、雄个体的 δ^{15}N 存在显著差异，而且在 2014 年雌性个体的生态位的宽度显著大于雄性。因此，本研究认为在 2014 年，雌性比雄性可能拥有更大的栖息地及更多可获得的食物。

5.5 小   结

本章利用 GLM 分析了性别、生活史阶段、年份和地理区域对碳、氮稳定同位素的影响，同时对不同性别、生活史阶段、年份和地理区域的生态位进行了比较。发现年份和地理区域对 δ^{13}C 的影响均极显著，性别和生活史阶段对 δ^{13}C 的影响不显著；性别、生活史阶段、年份和地理区域对 δ^{15}N 的影响均显著。不同生活史阶段生态位的差异反映了不同生长阶段茎柔鱼栖息环境和摄食的差异，在厄尔尼诺年份，茎柔鱼的栖息地会发生变化，在强厄尔尼诺年份，茎柔鱼生态位的宽度会减小。不同地理区域茎柔鱼的生态位存在差异，早期生活史阶段的稳定同位素可以更有效地划分不同的地理群体。雌、雄个体栖息在相似的环境，与雄性相比，雌性可能拥有更大的栖息地及更多的食物。

第 6 章　气候变化对茎柔鱼洄游路径的影响

头足类的耳石与鱼类的耳石十分相似（Clarke，1978），具有蛋白质和文石交替沉积形成的生长纹（Jackson，1994），生长纹的日周期性证实物质在耳石上的沉积贯穿生物体的整个生命周期（Arkhipkin et al.，2004）。因此，耳石微化学被广泛应用于头足类栖息环境和生活史信息的研究（Arkhipkin et al.，2004；Zumholz et al.，2007b；Yamaguchi et al.，2015）。Liu 等（2016）通过分析耳石微量元素，重建了茎柔鱼稚鱼期到成鱼期的洄游路径，认为在秘鲁南部海域孵化的一部分茎柔鱼可能向南游去，并在稚鱼期洄游至智利北部沿岸海域，随后继续向南洄游并伴随着东西向的洄游，最终将返回秘鲁沿海进行产卵。Zumholz 等（2007b）分析了黯乌贼（*Gonatus fabricii*）不同生活史阶段耳石的微化学，认为 Ba/Ca 可证实稚鱼栖息在表层，而较大个体向较深水层迁移；U/Ca 和 Sr/Ca 接近耳石外围区逐渐增大，认为成体向更寒冷的水域洄游。Yamaguchi 等（2015）建立了剑尖枪乌贼（*Uroteuthis edulis*）耳石中 Sr/Ca 和温度的关系，通过测定不同生活史阶段耳石的 Sr/Ca，推断了春季和夏季剑尖枪乌贼的洄游路径。以往的研究表明环境变化会影响茎柔鱼的分布，然而目前茎柔鱼的洄游路径尚不明确，对其生活史的了解仍较少。本章拟通过在时间序列上对耳石微结构进行连续取样，测定其微量元素，建立耳石微量元素与海面温度的关系，重建茎柔鱼的洄游路径，分析气候变化事件对茎柔鱼洄游路径和空间分布的影响。

样本采集的时间为 2013～2016 年，作业海域为 78°30′~85°00′W、9°00′~18°00′S，每一个站点所采集的样本均从渔获物中随机取样，并对采集的样本冷冻处理，2013 年、2014 年、2015 年和 2016 年的样本数分别为 46 尾、33 尾、47 尾和 47 尾。在本研究中，2013 年和 2014 年为正常年份，2015 年采集的茎柔鱼经历的厄尔尼诺事件较弱，为弱厄尔尼诺年，2016 年采集的茎柔鱼经历的厄尔尼诺事件较强，为强厄尔尼诺年。

茎柔鱼生物学的测定及耳石提取的方法见第 3 章。茎柔鱼的日龄是通过对耳石微结构的生长纹进行计数来估算的，耳石切面的制备采取纵截面研磨，其背区微结构的生长纹较为清晰（图 6-1）。耳石的制作过程分别为包埋、研磨和抛光。包埋的目的是固定耳石，将耳石放入长方形塑料磨具中，加入硬化剂和亚克力粉进行包埋；待其硬化后在研磨机上依次使用 120 目、600 目、1200 目和 2000 目防水耐磨砂纸研磨，直至研磨到理想的切面；待切片的两面都研磨完毕，在被水浸湿的水绒布上放入适量的氧化铝粉末，然后对耳石切片进行抛光，直到将切片上的划痕全部去掉。

耳石切片研磨完毕后，放置在连接有 CCD 的 Olympus 双筒光学显微镜 400 倍下拍照，然后利用 Photoshop7.0 对图片进行叠加处理，得到完整的耳石图片。两个观察者对耳石微结构的生长纹分别计数一次，当两个观察者计数的轮纹数与其平均值的差值低于 10%时，茎柔鱼的日龄取其平均值，否则计数无效（Yatsu et al.，1997）。

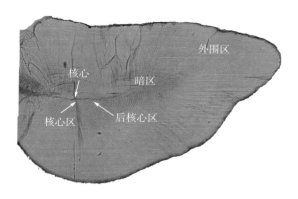

图 6-1　茎柔鱼耳石背区微结构

　　捕捞日期减去估算的日龄即为茎柔鱼的孵化日期，通过孵化日期来确定茎柔鱼所属的产卵群体。研究发现，2013 年（正常年份）、2015 年（弱厄尔尼诺年）和 2016（强厄尔尼诺年）年采集的秘鲁外海茎柔鱼主要为夏秋季产卵群体，因此本研究利用耳石微量元素重建了 2013 年、2015 年和 2016 年夏秋季产卵群体的洄游路径（表 6-1，图 6-2）。

表 6-1　2013 年、2015 年和 2016 年秘鲁外海茎柔鱼夏秋季产卵群体的样本信息

捕捞时间	捕捞区域	样本数/尾	胴长/mm	日龄/d
2013 年 7～9 月	80°00′～83°30′W，11°00′～15°30′S	46	271.6±29.0	197.9±23.0
2015 年 6～9 月	79°30′～85°00′W，9°00′～15°30′S	47	270.2±48.3	178.1±25.9
2016 年 9 月	80°30′～82°00′W，11°30′～14°30′S	47	268.4±29.2	190.1±16.8

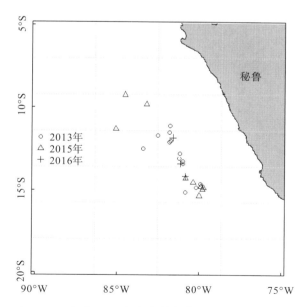

图 6-2　2013 年、2015 年和 2016 年秘鲁外海茎柔鱼夏秋季产卵群体的采样站点

茎柔鱼耳石切片制作完成后，清洗切片并晾干。在本研究中，对 2014 年的茎柔鱼耳石仅测定了其边缘的微量元素，对 2013 年、2015 年和 2016 年的茎柔鱼耳石测定了其不同生活史阶段的微量元素。从核心到边缘共有 6 个取样点，分别代表 6 个不同的生活史阶段。第 1 个取样点位于核心区，代表胚胎期；第 2 个取样点位于后核心区，代表仔鱼期；第 3 个取样点位于暗区，代表稚鱼期；第 4 个取样点位于暗区附近的外围区，代表亚成鱼期；第 5 个取样点位于第 4 个取样点和边缘之间，代表成鱼期；第 6 个取样点位于边缘，代表捕捞日(Arkhipkin，2005；Zumholz et al.，2007b；刘必林，2012)(图 6-3)。本研究共测定了 873 个取样点的微量元素。

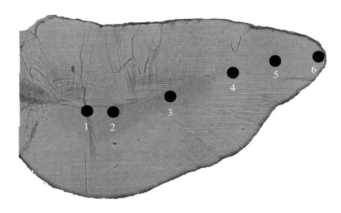

图 6-3　茎柔鱼不同生活史阶段耳石微量元素取样点

1～6 取样点分别代表胚胎期、仔鱼期、稚鱼期、亚成鱼期、成鱼期和捕捞日

耳石微量元素的测定是在上海海洋大学大洋渔业资源可持续开发教育部重点实验室内利用 LA-ICP-MS 完成，微区每个取样点测 7 种元素(Ca、Na、Mg、Mn、Cu、Sr 和 Ba)。激光剥蚀系统的型号为 UP-213，ICP-MS 的型号为 Agilent7700x，激光剥蚀取样采用氦气作为载气，氩气作为补偿气来调节灵敏度(Hu et al.，2008)，在对每一个取样点的微量元素进行测定时，先记录 20s 的空白信号，然后记录 50s 的样品信号，详细仪器操作条件见表 6-2。本研究以美国地质勘探局(United States Geological Survey，USGS)参考玻璃作为校正标准，采用多外标、无内标法对各元素的含量进行定量计算，数据的分析在 ICPMSDataCal 上完成(Liu et al.，2008)。

表 6-2　LA-ICP-MS 工作参数

UP-213		Agilent7700x	
波长	193nm	RF 功率	1350W
能量密度	11.9J/cm²	等离子气体	Ar(15L/min)
载气	He(0.65L/min)	辅助气	Ar(1.0L/min)
剥蚀孔径	40μm	载气	Ar(0.7L/min)
频率	5Hz	采样深度	5mm
剥蚀方式	单点	检测器模式	Dual

采用双因素分析法检验年份和不同生活史阶段对耳石微量元素的影响，在本研究中 2013 年为正常年份，2015 年和 2016 年为厄尔尼诺年份。

采用多元回归分析建立耳石边缘微量元素与采样站点海面温度的关系，用于茎柔鱼洄游路径的重建。首先测定不同生活史阶段耳石的微量元素，建立耳石边缘微量元素与采样站点海面温度的关系，从而确定不同生活史阶段对应的 SST 及地理区域(Liu et al., 2016)。主要假设为：①利用多元回归分析建立 6 种微量元素与 SST 的关系，其中与 SST 显著相关的微量元素用于估算海面温度；②不同生活史阶段耳石微量元素与 SST 的关系保持不变；③被选择重建洄游路径的样本均属于夏秋季产卵群体，它们在生长过程中栖息的环境是相似的，洄游路径经过相似的海域。

洄游路径的重建过程：①孵化日期的推算。孵化日期=捕捞日期−估算的日龄。②各个取样点日期的推算。取样点对应的日期=孵化日期+取样点的日龄。③微量元素与 SST 关系的建立。SST 数据来自 Oceanwatch，时间分辨率为天，空间分辨率为 $0.5° \times 0.5°$，采用多元回归分析建立微量元素与 SST 的关系。④以茎柔鱼的最大游泳速度[30km/d(Gilly et al., 2006b)]来界定其最大可移动范围，找出不同生活史阶段微量元素对应的 SST 及对应地理位置。每个样本都有一个适宜的海域，所有样本都出现的区域，其概率为 1，没有样本出现的区域，其概率为 0，以此类推(Liu et al., 2016)。

6.1　不同年份不同生活史阶段耳石微量元素

双因素方差结果显示，年份和生活史阶段对 Na/Ca、Mg/Ca、Mn/Ca、Cu/Ca、Sr/Ca 和 Ba/Ca 的影响均极显著($P < 0.01$)(表 6-3)。年份和生活史阶段对 Na/Ca 和 Mg/Ca 的影响不具有交互响应($P > 0.05$)，对 Mn/Ca、Cu/Ca、Sr/Ca 和 Ba/Ca 的影响具有交互效应($P < 0.05$)(表 6-3)。

表 6-3　年份和生活史阶段对茎柔鱼耳石微量元素的影响

	影响因素	自由度	残差平方和	F	P
Na/Ca	年份	2	453	18.434	2×10^{-8}
	生活史阶段	5	314	5.111	0.0001
	年份×生活史阶段	10	199	1.619	0.0965
Mg/Ca	年份	2	321134	18.248	2×10^{-8}
	生活史阶段	5	2232273	50.738	$<2 \times 10^{-16}$
	年份×生活史阶段	10	137428	1.562	0.113
Mn/Ca	年份	2	937	20.435	2×10^{-9}
	生活史阶段	5	1365	11.902	4×10^{-11}
	年份×生活史阶段	10	559	2.437	0.0073
Cu/Ca	年份	2	341.6	69.19	$<2 \times 10^{-16}$
	生活史阶段	5	289.4	23.444	$<2 \times 10^{-16}$
	年份×生活史阶段	10	104.2	4.222	1×10^{-5}

	影响因素	自由度	残差平方和	F	P
	年份	2	18.3	15.992	2×10^{-7}
Sr/Ca	生活史阶段	5	552.1	193.08	$<2\times10^{-16}$
	年份×生活史阶段	10	11	1.923	0.039
	年份	2	3737	66.89	$<2\times10^{-16}$
Ba/Ca	生活史阶段	5	4306	30.825	$<2\times10^{-16}$
	年份×生活史阶段	10	877	3.141	0.0006

　　厄尔尼诺年份(2015 年和 2016 年)茎柔鱼耳石的 Na/Ca 在生活史阶段的变化趋势一致，从胚胎期到稚鱼期逐渐增加，而稚鱼期之后则逐渐减小(表 6-4～表 6-6，图 6-4)；在正常年份(2013 年)，茎柔鱼耳石的 Na/Ca 在生长过程中出现波动，无明显的趋势，但在整个生活史阶段，正常年份(2013 年)Na/Ca 的平均值均大于厄尔尼诺年份(2015 年和 2016 年)(表 6-4～表 6-6，图 6-4)。从胚胎期到成鱼期，正常年份(2013 年)和厄尔尼诺年份(2015 年和 2016 年)茎柔鱼耳石的 Mg/Ca 均逐渐减小，而且在每个生活史阶段正常年份(2013 年)Mg/Ca 的平均值均大于弱厄尔尼诺年(2015 年)，弱厄尔尼诺年(2015 年)Mg/Ca 的平均值整体上大于强厄尔尼诺年(2016 年)(表 6-5、表 6-6)。从胚胎期到稚鱼期，正常年份(2013 年)和厄尔尼诺年份(2015 年和 2016 年)茎柔鱼的 Mn/Ca 均逐渐减小，稚鱼期后 Mn/Ca 的变化不大(图 6-4)；在整个生活史阶段中，正常年份(2013 年)Mn/Ca 的平均值均大于厄尔尼诺年份(2015 年和 2016 年)。正常年份(2013 年)和厄尔尼诺年份(2015 年和 2016 年)。耳石中 Cu/Ca 在生长史阶段呈现出先减小后增大的趋势，在整个生活史阶段，正常年份(2013 年)Cu/Ca 的平均值均大于厄尔尼诺年份(2015 年和 2016 年)(表 6-5、表 6-6)。正常年份(2013 年)和厄尔尼诺年份(2015 年和 2016 年)的茎柔鱼耳石中 Sr/Ca 从仔鱼期到亚成鱼期逐渐减小，随后呈现出逐渐增大的趋势(图 6-4)。正常年份(2013 年)和厄尔尼诺年份(2015 年和 2016 年)的茎柔鱼耳石中 Ba/Ca 从胚胎期到稚鱼期逐渐减小，随后呈现出逐渐增大的趋势，在整个生活史阶段，正常年份(2013 年)Ba/Ca 的平均值均大于厄尔尼诺年份(2015 年和 2016 年)(表 6-5、表 6-6)。

表 6-4　2013 年秘鲁外海茎柔鱼不同生活史阶段耳石微量元素

生活史阶段	微量元素	最小值	最大值	平均值	标准差
	Na/Ca /×10^{-3}	8.85	45.37	12.15	5.62
	Mg/Ca /×10^{-6}	87.72	742.30	302.60	153.42
1	Mn/Ca /×10^{-6}	2.07	90.69	11.00	16.67
	Cu/Ca /×10^{-6}	0.22	7.56	2.38	1.85
	Sr/Ca /×10^{-3}	14.94	18.61	16.51	0.83
	Ba/Ca /×10^{-6}	10.16	51.59	16.44	6.52
	Na/Ca /×10^{-3}	8.93	26.86	11.59	3.09
2	Mg/Ca /×10^{-6}	32.08	926.57	214.49	140.92
	Mn/Ca /×10^{-6}	1.81	11.02	5.34	1.65

续表

生活史阶段	微量元素	最小值	最大值	平均值	标准差
2	Cu/Ca /×10⁻⁶	0.17	3.17	1.10	0.81
	Sr/Ca /×10⁻³	14.54	18.14	16.55	0.79
	Ba/Ca /×10⁻⁶	10.18	32.10	14.49	3.81
3	Na/Ca /×10⁻³	10.00	27.51	11.64	2.54
	Mg/Ca /×10⁻⁶	38.68	883.12	203.50	118.95
	Mn/Ca /×10⁻⁶	1.17	16.30	4.56	2.61
	Cu/Ca /×10⁻⁶	0.16	3.95	1.13	0.90
	Sr/Ca /×10⁻³	14.05	16.56	15.34	0.60
	Ba/Ca /×10⁻⁶	8.04	32.99	13.94	4.24
4	Na/Ca /×10⁻³	10.20	37.21	12.26	4.44
	Mg/Ca /×10⁻⁶	24.00	610.14	167.70	112.43
	Mn/Ca /×10⁻⁶	1.37	18.20	5.00	3.18
	Cu/Ca /×10⁻⁶	0.00	6.51	1.51	1.40
	Sr/Ca /×10⁻³	12.45	16.37	14.26	0.81
	Ba/Ca /×10⁻⁶	7.62	54.12	20.31	10.54
5	Na/Ca /×10⁻³	9.06	73.87	13.63	11.43
	Mg/Ca /×10⁻⁶	50.29	409.89	109.64	57.03
	Mn/Ca /×10⁻⁶	0.41	43.71	4.92	6.84
	Cu/Ca/×10⁻⁶	0.06	6.39	1.83	1.58
	Sr/Ca /×10⁻³	12.60	16.54	14.21	0.79
	Ba/Ca /×10⁻⁶	9.91	63.26	21.60	10.74
6	Na/Ca /×10⁻³	8.19	32.86	10.31	3.55
	Mg/Ca /×10⁻⁶	44.33	840.04	136.23	159.11
	Mn/Ca /×10⁻⁶	0.38	40.63	4.31	6.13
	Cu/Ca/×10⁻⁶	0.00	13.14	3.39	3.75
	Sr/Ca /×10⁻³	13.37	17.59	15.02	0.90
	Ba/Ca/×10⁻⁶	10.42	41.31	21.42	7.52

表 6-5　2015 年秘鲁外海茎柔鱼不同生活史阶段耳石微量元素

生活史阶段	微量元素	最小值	最大值	平均值	标准差
1	Na/Ca /×10⁻³	8.88	12.13	10.25	0.58
	Mg/Ca/×10⁻⁶	108.36	586.79	221.93	115.17
	Mn/Ca/×10⁻⁶	1.29	9.92	5.10	1.84
	Cu/Ca/×10⁻⁶	0.01	4.28	0.67	0.94
	Sr/Ca /×10⁻³	14.11	17.31	15.84	0.85
	Ba/Ca/×10⁻⁶	6.32	24.36	13.16	3.23
2	Na/Ca /×10⁻³	9.49	12.41	10.61	0.60
	Mg/Ca/×10⁻⁶	125.98	365.18	193.02	50.18
	Mn/Ca/×10⁻⁶	1.19	7.82	4.29	1.34
	Cu/Ca/×10⁻⁶	0.00	1.28	0.37	0.18

续表

生活史阶段	微量元素	最小值	最大值	平均值	标准差
2	Sr/Ca /×10⁻³	14.15	18.40	16.06	1.05
	Ba/Ca /×10⁻⁶	8.22	18.97	12.20	2.06
3	Na/Ca /×10⁻³	10.12	12.53	11.08	0.50
	Mg/Ca /×10⁻⁶	116.65	290.40	194.56	34.36
	Mn/Ca /×10⁻⁶	0.70	8.08	3.05	1.19
	Cu/Ca /×10⁻⁶	0.00	0.83	0.28	0.14
	Sr/Ca /×10⁻³	14.01	16.39	14.99	0.53
	Ba/Ca /×10⁻⁶	6.86	14.33	11.01	1.60
4	Na/Ca /×10⁻³	9.38	12.50	10.72	0.57
	Mg/Ca /×10⁻⁶	92.53	180.50	137.88	21.50
	Mn/Ca /×10⁻⁶	1.32	4.48	2.98	0.77
	Cu/Ca /×10⁻⁶	0.00	0.70	0.19	0.13
	Sr/Ca /×10⁻³	12.73	16.00	13.85	0.79
	Ba/Ca /×10⁻⁶	6.63	22.31	12.56	3.70
5	Na/Ca /×10⁻³	8.54	11.16	9.92	0.63
	Mg/Ca /×10⁻⁶	51.60	127.18	88.22	16.18
	Mn/Ca /×10⁻⁶	1.26	5.89	2.90	0.84
	Cu/Ca /×10⁻⁶	0.00	0.65	0.24	0.15
	Sr/Ca /×10⁻³	12.50	15.87	14.18	0.73
	Ba/Ca /×10⁻⁶	8.83	26.83	14.20	4.00
6	Na/Ca /×10⁻³	7.97	10.32	9.14	0.57
	Mg/Ca /×10⁻⁶	38.99	246.83	77.53	49.61
	Mn/Ca /×10⁻⁶	1.12	6.17	2.52	0.96
	Cu/Ca /×10⁻⁶	0.00	5.25	0.66	1.13
	Sr/Ca /×10⁻³	13.29	16.08	14.74	0.74
	Ba/Ca /×10⁻⁶	10.68	21.39	15.14	2.85

表 6-6　2016 年秘鲁外海茎柔鱼不同生活史阶段耳石微量元素

生活史阶段	微量元素	最小值	最大值	平均值	标准差
1	Na/Ca /×10⁻³	9.27	12.36	10.32	0.64
	Mg/Ca /×10⁻⁶	86.89	796.35	215.59	152.87
	Mn/Ca /×10⁻⁶	1.72	11.63	4.88	1.69
	Cu/Ca /×10⁻⁶	0.00	3.50	0.41	0.50
	Sr/Ca /×10⁻³	13.84	17.94	16.07	0.84
	Ba/Ca /×10⁻⁶	8.36	17.13	12.41	1.89
2	Na/Ca /×10⁻³	8.26	13.32	10.82	0.80
	Mg/Ca /×10⁻⁶	73.59	251.41	166.00	40.41
	Mn/Ca /×10⁻⁶	1.99	7.92	4.64	1.20
	Cu/Ca /×10⁻⁶	0.02	1.15	0.34	0.17
	Sr/Ca /×10⁻³	14.09	18.18	16.05	0.86
	Ba/Ca /×10⁻⁶	7.09	15.81	12.23	1.66

续表

生活史阶段	微量元素	最小值	最大值	平均值	标准差
3	Na/Ca /×10^{-3}	10.13	13.16	11.41	0.56
	Mg/Ca /×10^{-6}	109.96	250.71	164.19	27.62
	Mn/Ca /×10^{-6}	0.00	5.00	3.03	1.03
	Cu/Ca /×10^{-6}	0.00	1.36	0.23	0.23
	Sr/Ca /×10^{-3}	13.83	16.31	15.00	0.58
	Ba/Ca /×10^{-6}	7.68	14.72	10.92	1.78
4	Na/Ca /×10^{-3}	9.18	12.20	10.78	0.62
	Mg/Ca /×10^{-6}	70.01	200.90	122.73	24.50
	Mn/Ca /×10^{-6}	0.80	11.29	4.13	1.68
	Cu/Ca /×10^{-6}	0.00	0.62	0.18	0.15
	Sr/Ca /×10^{-3}	13.31	15.43	14.13	0.57
	Ba/Ca /×10^{-6}	8.97	31.27	14.71	4.49
5	Na/Ca /×10^{-3}	8.80	12.07	10.00	0.58
	Mg/Ca /×10^{-6}	56.65	116.44	77.12	12.79
	Mn/Ca /×10^{-6}	0.73	5.01	2.93	1.01
	Cu/Ca /×10^{-6}	0.00	0.43	0.17	0.13
	Sr/Ca /×10^{-3}	13.43	15.91	14.36	0.57
	Ba/Ca /×10^{-6}	8.63	34.77	14.97	4.81
6	Na/Ca /×10^{-3}	7.84	10.27	9.13	0.53
	Mg/Ca /×10^{-6}	50.84	523.08	115.73	98.48
	Mn/Ca /×10^{-6}	0.70	5.54	2.52	1.15
	Cu/Ca /×10^{-6}	0.03	15.44	2.55	4.11
	Sr/Ca /×10^{-3}	14.19	16.67	15.11	0.58
	Ba/Ca /×10^{-6}	11.88	33.28	18.93	5.15

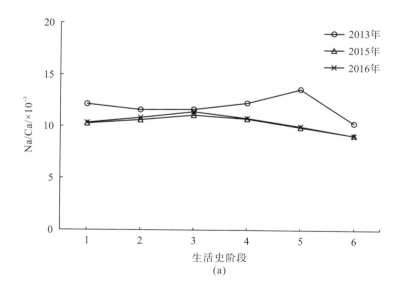

(a)

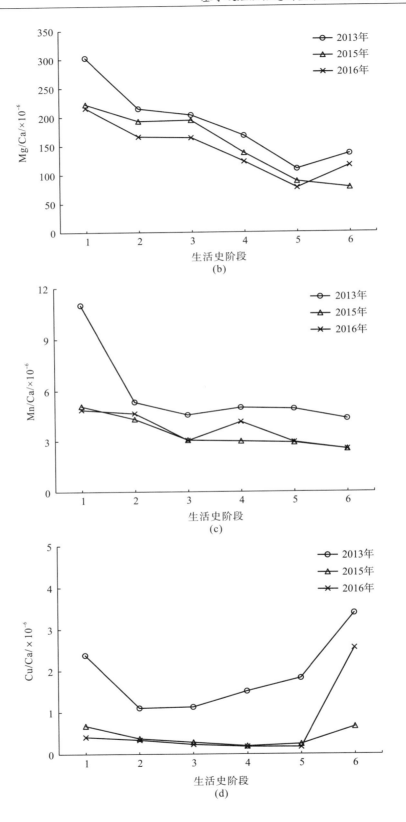

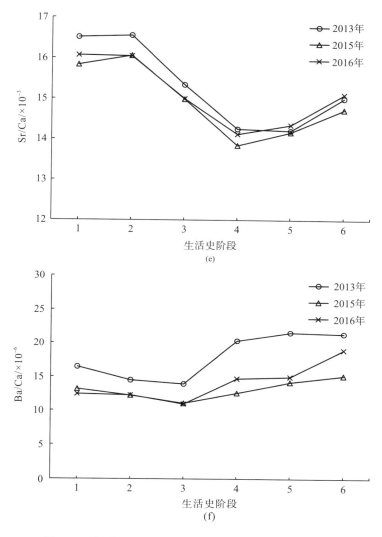

图 6-4　不同年份不同生活史阶段茎柔鱼耳石的微量元素

在以往的研究中，Sr/Ca 被认为是温度的重要指标，与温度呈负相关关系(Zacherl et al.，2003；Arkhipkin et al.，2004；Yamaguchi et al.，2015)。本研究利用多元回归分析建立耳石微量元素与海面温度的关系，同样发现耳石中 Sr/Ca 与温度呈负相关关系。不同生活史阶段耳石中 Sr/Ca 的差异可能反映了茎柔鱼栖息海域水温的变化。此外，本研究发现耳石中 Sr/Ca 在年份间差异极显著，厄尔尼诺事件可能影响耳石中的 Sr/Ca，这与 Ikeda 等(2002)的研究结果不同。

在海洋中，Ba 的浓度随水深的增加而增大(Chan et al.，1977)，因此头足类耳石和珊瑚中的 Ba 被认为是上升流的指标元素(Lea et al.，1989；Arkhipkin et al.，2004)。Zacherl 等(2003)研究认为，耳石中的 Ba/Ca 与海水中的 Ba/Ca 呈正相关关系，与温度呈负相关关系。Zumholz 等(2007a)也研究发现，乌贼耳石中 Ba/Ca 与温度呈负相关关系。因此，耳石中 Ba/Ca 受海水中 Ba/Ca 和海水温度共同作用的影响。在本研究中，正常年份(2013 年)

捕捞的茎柔鱼耳石各生活史阶段的 Ba/Ca 均大于厄尔尼诺年份(2015 年和 2016 年)。2015 年和 2016 年发生了厄尔尼诺事件,海水温度异常升高,上升流减弱(Yu and Chen, 2018),因此在海水温度升高和上升流减弱的共同作用下,耳石中 Ba/Ca 减小。

耳石中 Mg/Ca 从胚胎期到成鱼期逐渐减小,这与前人研究的结果相一致(Arkhipkin et al., 2004;Zumholz et al., 2007b)。Mg 被认为在头足类耳石生物矿化过程中具有重要的作用(Morris, 1991),其含量与耳石中有机物的沉积有关。随着个体的增大,耳石中有机物的含量减小(Bettencourt and Guerra, 2000),因此耳石中 Mg 的含量也逐渐减小;此外,Mg/Ca 随着个体的生长而逐渐减小,这可能反映耳石的生长率也逐渐减小(Zumholz et al., 2007b)。

正常年份(2013 年)和弱厄尔尼诺年(2015 年)在秘鲁外海采集的茎柔鱼的产卵场可能分布在秘鲁沿岸和智利中部外海。在以往的研究中,调查发现茎柔鱼在东南太平洋的产卵场也位于秘鲁沿岸(Tafur et al., 2001)和智利中部外海(Ibáñez et al., 2015)。然而,在强厄尔尼诺年(2016 年),茎柔鱼的产卵场可能仅分布在智利海域,这可能是较强的厄尔尼诺事件导致的(Jacox et al., 2016)。在 2016 年初,厄尔尼诺较强,秘鲁海域的外界环境因素变化较大,导致秘鲁海域的外界环境不利于茎柔鱼的栖息和产卵;而同为厄尔尼诺年份,在 2015 年初,秘鲁海域茎柔鱼产卵并没有受到明显的影响,可能是由于厄尔尼诺刚刚开始,影响较弱,外界环境的变化较小。强厄尔尼诺年(2016 年),从亚成鱼期开始,茎柔鱼在秘鲁海域的分布范围与正常年份(2013 年)相似,这可能是由于厄尔尼诺事件结束,秘鲁海域的外界环境恢复到正常状态,适于茎柔鱼的栖息和生存。

6.2 微量元素与温度的关系

根据样本捕捞的时间与地点,从 SST 数据库中找到与样本对应的 SST,采用多元回归分析建立耳石边缘微量元素与 SST 的关系。结果显示,在 6 种微量元素中,仅 Sr/Ca 与 SST 的相关性显著($P<0.01$),其他微量元素与 SST 的相关性均不显著($P>0.05$)(表 6-7),因此本书建立了 Sr/Ca 与 SST 的关系,其关系式为 $SST=33.0723-0.9551Sr/Ca$(表 6-8)。

表 6-7　微量元素与海面温度的回归分析结果

解释变量	估算值	标准误	t	P
截距	34.5520	2.0879	16.55	$<2\times10^{-16}$
Na/Ca 斜率	-0.1129	0.0638	-1.77	0.079
Mg/Ca 斜率	0.0008	0.0013	0.66	0.509
Mn/Ca 斜率	0.0687	0.0401	1.71	0.089
Cu/Ca 斜率	-0.0263	0.0441	-0.60	0.551
Sr/Ca 斜率	-1.0003	0.1296	-7.71	1.07×10^{-12}
Ba/Ca 斜率	0.0004	0.0178	0.02	0.981

表 6-8　Sr/Ca 与海面温度的回归分析结果

解释变量	估算值	标准误	t	P
截距	33.0723	1.8861	17.535	$<2\times10^{-16}$
Sr/Ca 斜率	−0.9551	0.127	−7.519	2.98×10^{-12}

在本研究中，Mn/Ca 在胚胎期和仔鱼期较高，Arkhipkin 等(2004)也发现，巴塔哥尼亚枪乌贼(*Loligo gahi*)未成熟个体耳石中 Mn 含量较高。Liu 等(2013a)建立了茎柔鱼耳石微量元素与海面温度的关系，认为 Mn/Ca 与温度呈正相关关系。然而，本研究发现 Mn/Ca 与海面温度的相关性不显著。

6.3　茎柔鱼在不同生活史阶段的空间分布

建立耳石微量元素与 SST 的关系后，根据每一取样点的微量元素推算出该取样点对应的海面温度，根据捕捞日期和各取样点的日龄推算出各取样点对应的日期。在得到取样点对应的日期及海面温度后，从而推算茎柔鱼各生活史阶段可能出现的区域和概率。

在正常年份(2013 年)，茎柔鱼可能有两个产卵场，分别在秘鲁沿岸海域和智利中部外海(图 6-5)。在秘鲁沿岸海域，茎柔鱼产卵后，仔鱼期仍栖息在秘鲁沿岸，从稚鱼期到成鱼期，茎柔鱼的栖息范围向离岸海域，以及秘鲁北部海域逐渐扩大(图 6-5)。在智利海域，茎柔鱼在智利中部外海产卵，在纬向上，从仔鱼期到成鱼期，茎柔鱼逐渐向北洄游，直到秘鲁南部外海和智利北部外海；在经向上，在仔鱼期和稚鱼期，茎柔鱼向近岸海域洄游，稚鱼期后又向离岸海域游去(图 6-5)。

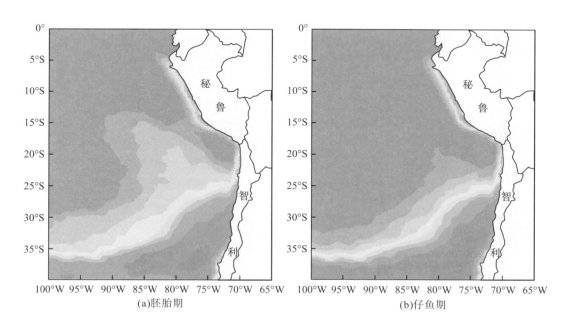

(a)胚胎期　　　　　　　　　　　　(b)仔鱼期

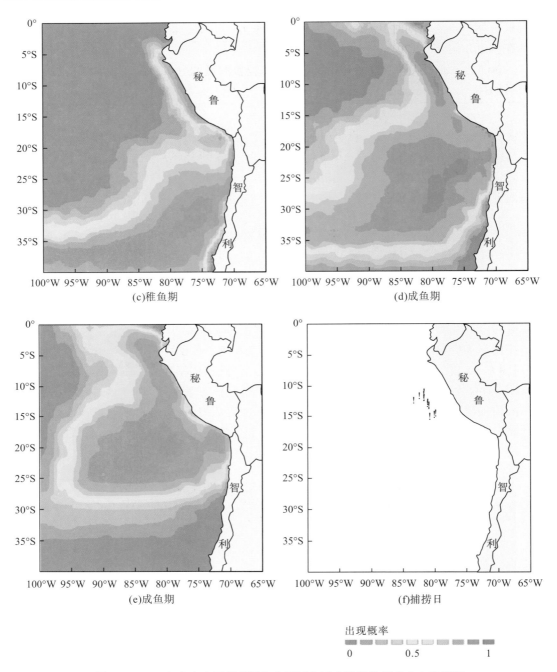

图 6-5   2013 年东南太平洋茎柔鱼在不同生活史阶段的概率分布推测图

在弱厄尔尼诺年（2015 年），茎柔鱼的产卵场仍可能分布在秘鲁沿岸海域和智利中部外海（图 6-6）。在秘鲁海域，与正常年份（2013 年）相比，从仔鱼期到成鱼期，无论是在经向还是纬向方面，茎柔鱼可能分布的范围均明显减小，其主要分布在秘鲁沿岸海域（图 6-6）。在智利海域，与正常年份（2013 年）相似，茎柔鱼在智利中部外海产卵，从仔鱼期到成鱼期，茎柔鱼同时具有纬向和经向上的洄游（图 6-6）。

　　在强厄尔尼诺年（2016 年），茎柔鱼的产卵场可能仅来自智利海域，从仔鱼期到成鱼期，逐渐向北洄游，从亚成鱼期开始，茎柔鱼在秘鲁海域的分布范围与正常年份（2013 年）相似（图 6-7）。

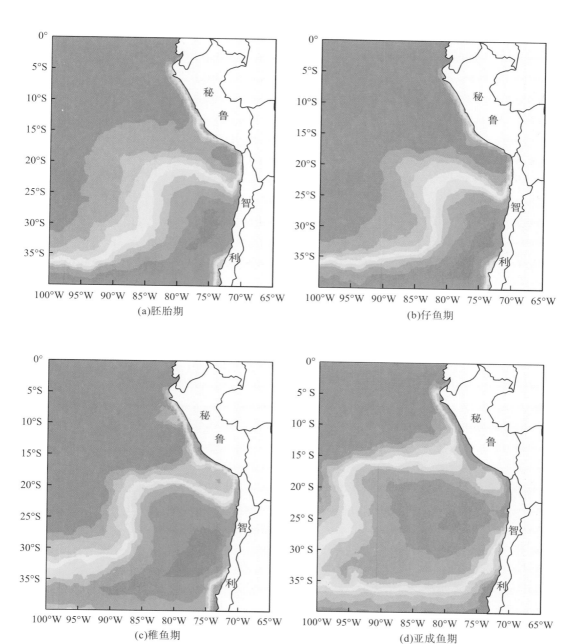

(a)胚胎期　　　　　　　　　　　　　　　　(b)仔鱼期

(c)稚鱼期　　　　　　　　　　　　　　　　(d)亚成鱼期

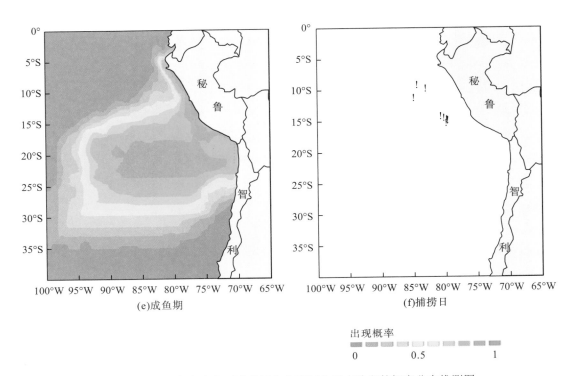

图 6-6   2015 年东南太平洋茎柔鱼在不同生活史阶段的概率分布推测图

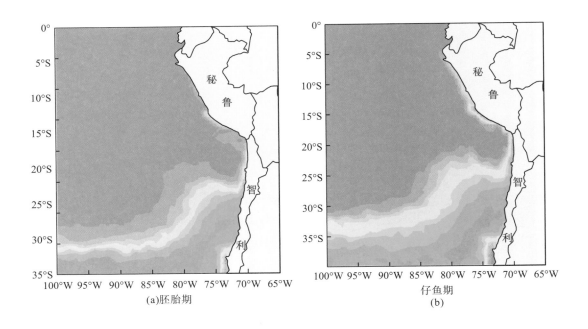

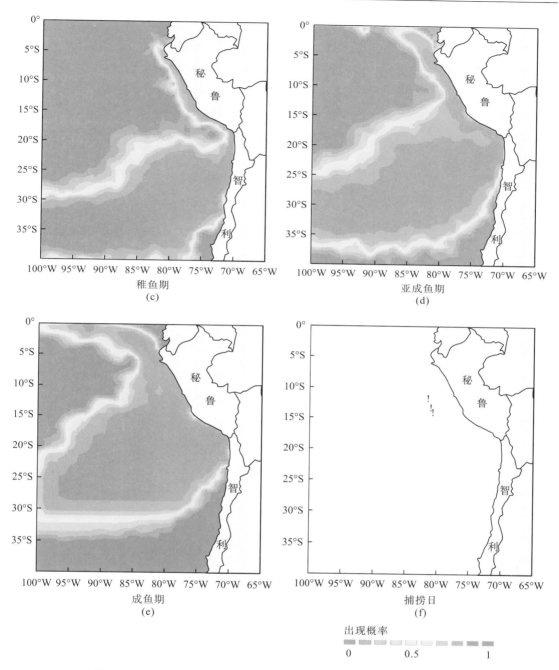

图 6-7　2016 年东南太平洋茎柔鱼在不同生活史阶段的概率分布推测图

正常年份(2013 年)，在秘鲁海域，从稚鱼期开始，茎柔鱼的栖息范围向离岸海域及秘鲁北部海域逐渐扩大，在以往的研究中，也认为茎柔鱼同时具有纬向和经向洄游(Anderson and Rodhouse，2001；Keyl et al.，2008)。弱厄尔尼诺年(2015 年)，在秘鲁海域，从仔鱼期到成鱼期，茎柔鱼主要分布在秘鲁沿岸海域，与正常年份(2013 年)相比，其可能分布的范围明显减小，这可能是外界环境变化导致的(Yu and Chen，2018)。在厄尔尼诺事件期间,海水温度异常升高,赤道逆流增强,将暖的赤道表层海水带到秘鲁近岸,减弱了上升流,使茎柔鱼适宜的栖息地变小(Keyl et al.,2008;Yu and Chen,2018)。

本研究发现在厄尔尼诺事件期间,与秘鲁海域相比,智利海域茎柔鱼分布所受影响较小(图6-5~图6-7)。同时,本研究发现在正常年份(2013年)、弱厄尔尼诺年(2015年)和强厄尔尼诺年(2016年),在智利海域,茎柔鱼均在智利中部外海产卵,仔鱼期和稚鱼期游向智利近岸海域进行摄食和生长,随后又游向离岸海域,这与 Ibáñez 等(2015)的推论相一致。

6.4　小　　结

本章测定了秘鲁外海茎柔鱼不同年份不同生活史阶段耳石的微量元素,采用双因素方差分析检验了年份和生活史阶段对微量元素的影响,发现年份和生活史阶段对夏秋季产卵群体的耳石微量元素均具有显著性影响。同时,本研究利用回归分析建立了茎柔鱼耳石微量元素与海面温度的关系,并利用 R 语言重建了在正常年份(2013年)、弱厄尔尼诺年(2015年)和强厄尔尼诺年(2016年)茎柔鱼夏秋季产卵群体的洄游路径。发现正常年份(2013年)和弱厄尔尼诺年(2015年)在秘鲁外海采集的茎柔鱼的产卵场可能分布在秘鲁沿岸和智利中部外海,而强厄尔尼诺年(2016年)在秘鲁外海采集的茎柔鱼的产卵场仅可能分布在智利中部外海;与正常年份(2013年)相比,厄尔尼诺事件期间(2015年和2016年),茎柔鱼在秘鲁海域的分布范围明显减小。研究认为,厄尔尼诺事件不仅会影响茎柔鱼产卵场的分布,同时会缩减茎柔鱼在秘鲁海域的分布范围。

参 考 文 献

陈新军, 刘必林, 王尧耕. 2009. 世界头足类. 北京: 海洋出版社.

陈新军, 李建华, 易倩, 等. 2012. 东太平洋赤道附近海域茎柔鱼(*Dosidicus gigas*)渔业生物学的初步研究. 海洋与湖沼, 43(6): 1233-1238.

陈新军, 方舟, 苏杭, 等. 2013. 几何形态测量学在水生动物中的应用及其进展. 水产学报, 37(12): 1783-1885.

贡艺. 2015. 基于内壳稳定同位素信息的秘鲁外海茎柔鱼摄食与洄游研究. 上海: 上海海洋大学.

贡艺, 陈新军, 李云凯, 等. 2015. 秘鲁外海茎柔鱼摄食洄游的稳定同位素研究. 应用生态学报, 26(9): 2874-2880.

胡贯宇, 陈新军, 刘必林, 等. 2015. 茎柔鱼耳石和角质颚微结构及轮纹判读. 水产学报, 39(3): 361-370.

胡贯宇, 陈新军, 方舟. 2016. 个体生长对秘鲁外海茎柔鱼角质颚形态变化的影响. 水产学报, 40(1): 36-44.

胡贯宇, 陈新军, 方舟. 2017a. 秘鲁外海茎柔鱼角质颚色素沉积及影响因素的初步研究. 海洋湖沼通报, 155(2): 72-80.

胡贯宇, 金岳, 陈新军. 2017b. 秘鲁外海茎柔鱼角质颚的形态特征及其与个体大小和日龄的关系. 海洋渔业, 39(4): 361-371.

贾涛, 陈新军, 李纲, 等. 2011. 哥斯达黎加外海茎柔鱼个体与耳石间生长关系研究. 上海海洋大学学报, 20(3): 417-423.

贾涛, 李纲, 陈新军, 等. 2010. 9-10月秘鲁外海茎柔鱼摄食习性的初步研究. 上海海洋大学学报, 19(5): 663-667.

李云凯, 贡艺, 陈新军. 2014. 稳定同位素技术在头足类摄食生态学研究中的应用. 应用生态学报, 25(5): 1541-1546.

刘必林. 2012. 东太平洋茎柔鱼生活史过程的研究. 上海: 上海海洋大学.

刘必林, 陈新军, 陈海刚, 等. 2016. 秘鲁外海茎柔鱼繁殖生物学研究. 上海海洋大学学报, 25(3): 445-453.

刘连为, 许强华, 陈新军, 等. 2013. 基于线粒体 DNA 分子标记的东太平洋茎柔鱼群体遗传多样性比较分析. 水产学报, 37(11): 1618-1625.

刘连为, 陈新军, 许强华, 等. 2014. 秘鲁外海茎柔鱼大型群与小型群的遗传变异分析. 海洋渔业, 36(3): 216-223.

刘连为, 陈新军, 许强华, 等. 2015. 基于微卫星标记的茎柔鱼赤道海域群体与秘鲁外海群体遗传变异分析. 中国海洋大学学报(自然科学版), 45(7): 53-57.

叶旭昌, 陈新军. 2007. 秘鲁外海茎柔鱼胴长组成及性成熟初步研究. 上海水产大学学报, 16(4): 347-350.

易倩, 陈新军, 贾涛, 等. 2012a. 基于外部形态特征的东南太平洋茎柔鱼种群结构研究. 海洋湖沼通报, (4): 96-103.

易倩, 陈新军, 贾涛, 等. 2012b. 东太平洋茎柔鱼耳石形态差异性分析. 水产学报, 36(1): 55-63.

Adams D C, Rohlf F J, Slice D E. 2004. Geometric morphometrics: ten years of progress following the "revolution". Italian Journal of Zoology, 71(1): 5-16.

Anderson C I, Rodhouse P G. 2001. Life cycles, oceanography and variability: ommastrephid squid in variable oceanographic environments. Fisheries Research, 54 (1): 133-143.

Argüelles J, Rodhouse P G, Villegas P, et al. 2001. Age, growth and population structure of the jumbo flying squid *Dosidicus gigas* in Peruvian waters. Fisheries Research, 54 (1): 51-61.

Argüelles J, Lorrain A, Cherel Y, et al. 2012. Tracking habitat and resource use for the jumbo squid *Dosidicus gigas*: a stable isotope analysis in the Northern Humboldt Current System. Marine Biology, 159 (9): 2105-2116.

Arkhipkin A I. 2005. Statoliths as' black boxes'(life recorders) in squid. Marine and Freshwater Research, 56 (5): 573-583.

Arkhipkin A I, Campana S E, FitzGerald J, et al. 2004. Spatial and temporal variation in elemental signatures of statoliths from the

Patagonian longfin squid (*Loligo gahi*). Canadian Journal of Fisheries and Aquatic Sciences, 61 (7): 1212-1224.

Arkhipkin A I, Bizikov V A. 2010. Role of the statolith in functioning of the acceleration receptor system in squids and sepioids. Proceedings of the Zoological Society of London, 250 (1): 31-55.

Arkhipkin A, Argüelles J, Shcherbich Z, et al. 2014. Ambient temperature influences adult size and life span in jumbo squid (*Dosidicus gigas*). Canadian Journal of Fisheries and Aquatic Sciences, 72 (3): 400-409.

Arkhipkin A I, Rodhouse P G, Pierce G J, et al. 2015. World squid fisheries. Reviews in Fisheries Science & Aquaculture, 23 (2): 92-252.

Barber R T, Sanderson M P, Lindley S T, et al. 1996. Primary productivity and its regulation in the equatorial Pacific during and following the 1991–1992 El Nino. Deep Sea Research Part II: Topical Studies in Oceanography, 43 (4-6): 933-969.

Barcellos D D, Gasalla M A. 2015. Morphology and morphometry of *Doryteuthis plei* (Cephalopoda: Loliginidae) statoliths from the northern shelf off São Paulo, southeastern Brazil. Journal of Natural History, 49 (21-24): 1305-1317.

Bettencourt V, Guerra A. 2000. Growth increments and biomineralization process in cephalopod statoliths. Journal of Experimental Marine Biology and Ecology, 248 (2): 191-205.

Camarillo-Coop S, Salinas-Zavala C A, Manzano-Sarabia M, et al. 2011. Presence of *Dosidicus gigas* paralarvae (Cephalopoda: Ommastrephidae) in the central Gulf of California, Mexico related to oceanographic conditions. Journal of the Marine Biological Association of the United Kingdom, 91 (4): 807-814.

Camarillo-Coop S, Salinas-Zavala C A, Lavaniegos B E, et al. 2013. Food in early life stages of *Dosidicus gigas* (Cephalopoda: Ommastrephidae) from the Gulf of California, Mexico. Journal of the Marine Biological Association of the United Kingdom, 93 (7): 1903-1910.

Canali E, Ponte G, Belcari P, et al. 2011. Evaluating age in *Octopus vulgaris*: estimation, validation and seasonal differences. Marine Ecology Progress Series, 441: 141-149.

Capoccioni F, Costa C, Aguzzi J, et al. 2011. Ontogenetic and environmental effects on otolith shape variability in three Mediterranean European eel (*Anguilla anguilla*, L.) local stocks. Journal of Experimental Marine Biology and Ecology, 397 (1): 1-7.

Carvalho B M, Vaz-dos-Santos A M, Spach H L, et al. 2015. Ontogenetic development of the sagittal otolith of the anchovy, *Anchoa tricolor*, in a subtropical estuary. Scientia Marina, 79 (4): 409-418.

Castro J J, Hernández-García V. 1995. Ontogenetic changes in mouth structures, foraging behaviour and habitat use of *Scomber japonicus* and *Illex coindetii*. Scientia Marina, 59 (3-4): 347-355.

Chan L H, Drummond D, Edmond J M, et al. 1977. On the barium data from the Atlantic GEOSECS expedition. Deep Sea Research, 24 (7): 613-649.

Chavez F P, Bertrand A, Guevara-Carrasco R, et al. 2008. The northern Humboldt Current System: brief history, present status and a view towards the future. Progress in Oceanography, 79: 95-105.

Chen X J, Tian S Q, Chen Y, et al. 2010. A modeling approach to identify optimal habitat and suitable fishing grounds for neon flying squid (*Ommostrephes bartramii*) in the Northwest Pacific Ocean. Fishery Bulletin, 108 (1): 1-14.

Chen X J, Lu H J, Liu B L, et al. 2011. Age, growth and population structure of jumbo flying squid, *Dosidicus gigas*, based on statolith microstructure off the Exclusive Economic Zone of Chilean waters. Journal of the Marine Biological Association of the United Kingdom, 91 (1): 229-235.

Chen X J, Li J H, Liu B L, et al. 2013. Age, growth and population structure of jumbo flying squid, *Dosidicus gigas*, off the Costa Rica Dome. Journal of the Marine Biological Association of the United Kingdom, 93 (2): 567-573.

Cherel Y, Hobson K A. 2005. Stable isotopes, beaks and predators: a new tool to study the trophic ecology of cephalopods, including giant and colossal squids. Proceedings of the Royal Society of London B: Biological Sciences, 272(1572): 1601-1607.

Clarke M R. 1962. The identification of cephalopod "beaks" and the relationship between beak size and total body weight. Bulletin of the British Museum (Natural History), Zoology, 8: 419-480.

Clarke M R. 1978. The cephalopod statolithan-introduction to its form. Journal of the Marine Biological Association of the United Kingdom, 58(3): 701-712.

Dawe E G, O'Dor R K, Odense P H, et al. 1985. Validation and Application of an Ageing Technique for Short-finned Squid (*Illex illecebrosus*). Journal of Northwest Atlantic Fishery Science, 6: 107-116.

Delerue-Ricard S, Stynen H, Barbut L, et al. 2019. Size-effect, asymmetry, and small-scale spatial variation in otolith shape of juvenile sole in the Southern North Sea. Hydrobiologia, 845(1): 95-108.

DeNiro M J, Epstein S. 1981. Influence of diet on the distribution of nitrogen isotopes in animals. Geochimica et Cosmochimica Acta, 45 (3): 341-351.

Echevin V, Aumont O, Ledesma J, et al. 2008. The seasonal cycle of surface chlorophyll in the Peruvian upwelling system: A modelling study. Progress in Oceanography, 79 (2-4): 167-176.

Espinoza-Morriberón D, Echevin V, Colas F, et al. 2017. Impacts of El Niño events on the Peruvian upwelling system productivity. Journal of Geophysical Research: Oceans, 122(7): 5423-5444.

Fang Z, Liu B L, Li J H, et al. 2014. Stock identification of neon flying squid (*Ommastrephes bartramii*) in the North Pacific Ocean on the basis of beak and statolith morphology. Scientia Marina, 78 (2): 239-248.

Fang Z, Xu L, Chen X J, et al. 2015. Beak growth pattern of purpleback flying squid *Sthenoteuthis oualaniensis* in the eastern tropical Pacific equatorial waters. Fisheries Science, 81 (3): 443-452.

Fang Z, Thompson K, Jin Y, et al. 2016. Preliminary analysis of beak stable isotopes (δ^{13}C and δ^{15}N) stock variation of neon flying squid, *Ommastrephes bartramii*, in the North Pacific Ocean. Fisheries Research, 177: 153-163.

Fang Z, Chen X J, Su H, et al. 2017. Evaluation of stock variation and sexual dimorphism of beak shape of neon flying squid, *Ommastrephes bartramii*, based on geometric morphometrics. Hydrobiologia, 784 (1): 367-380.

Fang Z, Chen X J, Su H, et al. 2018. Exploration of statolith shape variation in jumbo flying squid, *Dosidicus gigas*, based on wavelet analysis and machine learning methods for stock classification. Bulletin of Marine Science, 94(4): 1465-1482.

Ferreri G A B. 2014. Length-Weight Relationships and Condition Factors of the Humboldt Squid (*Dosidicus gigas*) from the Gulf of california and the Pacific Ocean. Journal of Shellfish Research, 33 (3): 769-780.

Field J C, Elliger C, Baltz K, et al. 2013. Foraging ecology and movement patterns of jumbo squid (*Dosidicus gigas*) in the California Current System. Deep Sea Research Part II Topical Studies in Oceanography, 95 (6): 37-51.

Field J C, Baltz K, Phillips A J, et al. 2007. Range expansion and trophic interactions of the jumbo squid, *Dosidicus gigas*, in the California Current. California Cooperative Oceanic Fisheries Investigations Report, 48: 131-146.

Francis R I C C, Mattlin R H. 1986. A possible pitfall in the morphometric application of discriminant analysis: measurement bias. Marine Biology, 93 (2): 311-313.

Franco-Santos R M, Vidal E A G. 2014. Beak development of early squid paralarvae (Cephalopoda: Teuthoidea) may reflect an adaptation to a specialized feeding mode. Hydrobiologia, 725 (1): 85-103.

Franco-Santos R M, Iglesias J, Domingues P M, et al. 2014. Early beak development in *Argonauta Nodosa* and *Octopus Vulgaris* (Cephalopoda: Incirrata) paralarvae suggests adaptation to different feeding mechanisms. Hydrobiologia, 725 (1): 69-83.

Froese R. 2006. Cube law, condition factor and weight-length relationships: history, meta-analysis and recommendations. Journal of
    Applied Ichthyology, 22（4）: 241-253.

Gang H, Liu D, Bo F, et al. 2013. Using landmark-based geometric morphometrics analysis to identify sagittal otolith of four Pennahia
    fish species. Journal of Fishery Sciences of China, 20（6）: 1293-1302.

Gillanders B M. 2002. Connectivity between juvenile and adult fish populations: do adults remain near their recruitment estuaries?
    Marine Ecology Progress Series, 240: 215-223.

Gilly W F, Elliger C A, Salinas C A, et al. 2006a. Spawning by jumbo squid *Dosidicus gigas* in San Pedro Mártir Basin, Gulf of
    California, Mexico. Marine Ecology Progress Series, 313: 125-133.

Gilly W F, Markaida U, Baxter C H, et al. 2006b. Vertical and horizontal migrations by the jumbo squid *Dosidicus gigas* revealed by
    electronic tagging. Marine Ecology Progress Series, 324: 1-17.

Gong Y, Li Y, Chen X J, et al. 2018. Potential use of stable isotope and fatty acid analyses for traceability of geographic origins of
    jumbo squid（*Dosidicus gigas*）. Rapid Communications in Mass Spectrometry, 32（7）: 583-589.

Green C P, Robertson S G, Hamer P A, et al. 2015. Combining statolith element composition and Fourier shape data allows
    discrimination of spatial and temporal stock structure of arrow squid（*Nototodarus gouldi*）. Canadian Journal of Fisheries and
    Aquatic Sciences, 72（11）: 1609-1618.

Gröger J, Piatkowski U, Heinemann H. 2000. Beak length analysis of the Southern Ocean squid *Psychroteuthis glacialis*
    （Cephalopoda: Psychroteuthidae）and its use for size and biomass estimation. Polar Biology, 23（1）: 70-74.

Guerra Á, Rodríguez-Navarro A B, González Á F, et al. 2010. Life-history traits of the giant squid *Architeuthis dux* revealed from
    stable isotope signatures recorded in beaks. ICES Journal of Marine Science: Journal du Conseil, 67（7）: 1425-1431.

Guisan A, Edwards Jr T C, Hastie T. 2002. Generalized linear and generalized additive models in studies of species distributions:
    setting the scene. Ecological Modelling, 157（2-3）: 89-100.

Hernández-López J L, Castro-Hernández J J, Hernández-García V. 2001. Age determined from the daily deposition of concentric rings
    on common octopus（*Octopus vulgaris*）beaks. Fishery Bulletin, 99（4）: 679-684.

Hernández-Muñoz A T, Rodríguez-Jaramillo C, Mejía-Rebollo A, et al. 2016. Reproductive strategy in jumbo squid *Dosidicus gigas*
    （D'Orbigny, 1835）: A new perspective. Fisheries Research, 173: 145-150.

Hobson K A, Cherel Y. 2006. Isotopic reconstruction of marine food webs using cephalopod beaks: new insight from captively raised
    Sepia officinalis. Canadian Journal of Zoology, 84（5）: 766-770.

Hoving H J T, Gilly W F, Markaida U, et al. 2013. Extreme plasticity in life-history strategy allows a migratory predator（jumbo squid）
    to cope with a changing climate. Global Change Biology, 19（7）: 2089-2103.

Hu G Y, Chen X J, Fang Z. 2016a. Effect of individual growth on beak morphometry of jumbo flying squid, *Dosidicus gigas* off the
    Peruvian Exclusive Economic Zone. Journal of Fisheries of China, 40（1）: 36-44 .

Hu G Y, Fang Z, Liu B L, et al. 2016b. Age, growth and population structure of jumbo flying squid *Dosidicus gigas* off the Peruvian
    Exclusive Economic Zone based on beak microstructure. Fisheries Science, 82（4）: 579-604.

Hu G Y, Fang, Z, Liu B L, et al. 2018. Using Different Standardized Methods for Species Identification: A Case Study Using Beaks
    from Three Ommastrephid Species. Journal of Ocean University of China, 17（2）: 355-362.

Hu Z C, Gao S, Liu Y S, et al. 2008. Signal enhancement in laser ablation ICP-MS by addition of nitrogen in the central channel gas.
    Journal of Analytical Atomic Spectrometry, 23（8）: 1093-1101.

Hurley G V, Odense P H, O'Dor R K, et al. 1985. Strontium labelling for verifying daily growth increments in the statolith of the short-finned squid (*Illex illecebrosus*). Canadian Journal of Fisheries and Aquatic Sciences, 42 (2): 380-383.

Hüssy K. 2008. Otolith shape in juvenile cod (Gadus morhua): Ontogenetic and environmental effects. Journal of Experimental Marine Biology and Ecology, 364 (1): 35-41.

Ibáñez C M, Cubillos L A. 2007. Seasonal variation in the length structure and reproductive condition of the jumbo squid *Dosidicus gigas* (d'Orbigny, 1835) off central-south Chile. Scientia Marina, 71 (1): 123-128.

Ibáñez C M, Arancibia H, Cubillos L A. 2008. Biases in determining the diet of jumbo squid *Dosidicus gigas* (D'Orbigny 1835) (Cephalopoda: Ommastrephidae) off southern-central Chile (34°S–40°S). Helgoland Marine Research, 62 (4): 331-338.

Ibáñez C M, Sepúlveda R D, Ulloa P, et al. 2015. The biology and ecology of the jumbo squid *Dosidicus gigas* (Cephalopoda) in Chilean waters: a review. Latin American Journal of Aquatic Research, 43(3): 402-414.

Ichii T, Mahapatra K, Watanabe T, et al. 2002. Occurrence of jumbo flying squid *Dosidicus gigas* aggregations associated with the countercurrent ridge off the Costa Rica Dome during 1997 El Niño and 1999 La Niña. Marine Ecology Progress Series, 231: 151-166.

Ikeda Y, Yatsu A, Arai N, et al. 2002. Concentration of statolith trace elements in the jumbo flying squid during El Niño and non-El Niño years in the eastern Pacific. Journal of the Marine Biological Association of the UK, 82(5): 863-866.

Jackson A L, Inger R, Parnell A C, et al. 2011. Comparing isotopic niche widths among and within communities: SIBER–Stable Isotope Bayesian Ellipses in R. Journal of Animal Ecology, 80(3): 595-602.

Jackson G D. 1994. Application and future potential of statolith increment analysis in squids and sepioids. Canadian Journal of Fisheries and Aquatic Sciences, 51 (11): 2612-2625.

Jackson G D, Choat J H. 1992. Growth in tropical cephalopods: an analysis based on statolith microstructure. Canadian Journal of Fisheries and Aquatic Sciences, 49 (2): 218-228.

Jackson G D, Alford R A, Choat J H. 2000. Can length frequency analysis be used to determine squid growth? –An assessment of ELEFAN. ICES Journal of Marine Science: Journal du Conseil, 57 (4): 948-954.

Jacox M G, Hazen E L, Zaba K D, et al. 2016. Impacts of the 2015–2016 El Niño on the California Current System: Early assessment and comparison to past events. Geophysical Research Letters, 43 (13): 7072-7080.

Jr D M C, Asch R. 2009. Elevated CO_2 enhances otolith growth in young fish. Science, 324 (5935): 1683.

Kato Y, Sakai M, Nishikawa H. et al. 2016. Stable isotope analysis of the gladius to investigate migration and trophic patterns of the neon flying squid (*Ommastrephes bartramii*). Fisheries Research, 173: 169-174.

Kernaléguen L, Arnould J P Y, Guinet C, et al. 2016. Early-life sexual segregation: ontogeny of isotopic niche differentiation in the Antarctic fur seal. Scientific Reports, 6(1): 33211.

Keyl F, Argüelles J, Mariátegui L, et al. 2008. A hypothesis on range expansion and spatio-temporal shifts in size-at-maturity of jumbo squid (*Dosidicus gigas*) in the Eastern Pacific Ocean. CalCOFI Report, 49: 119-128.

Keyl F, Argüelles J, Tafur R. 2011. Interannual variability in size structure, age, and growth of jumbo squid (*Dosidicus gigas*) assessed by modal progression analysis. ICES Journal of Marine Science, 68 (3): 507-518.

Lalas C. 2009. Estimates of size for the large octopus *Macroctopus maorum* from measures of beaks in prey remains. New Zealand Journal of Marine and Freshwater Research, 43 (2): 635-642.

Lea D W, Shen G T, Boyle E A. 1989. Coralline barium records temporal variability in equatorial Pacific upwelling. Nature, 340 (6232): 373-376.

Li Y K, Gong Y, Zhang Y Y, et al. 2017. Inter-annual variability in trophic patterns of jumbo squid (*Dosidicus gigas*) off the exclusive economic zone of Peru, implications from stable isotope values in gladius. Fisheries Research, 187: 22-30.

Lipinski M. 1979. The information concerning current research upon ageing procedure of squids. ICNAF Working Paper, 40, 4.

Lipiński M, Underhill L. 1995. Sexual maturation in squid: quantum or continuum？ South African Journal of Marine Science, 15 (1): 207-223.

Liu B L, Chen X J, Lu H, et al. 2010. Fishery biology of the jumbo flying squid *Dosidicus gigas* off the Exclusive Economic Zone of Chilean waters. Scientia Marina, 74 (4): 687-695.

Liu B L, Chen X J, Chen Y, et al. 2013a. Geographic variation in statolith trace elements of the Humboldt squid, *Dosidicus gigas*, in high seas of Eastern Pacific Ocean. Marine biology, 160 (11): 2853-2862.

Liu B L, Chen X J, Chen Y, et al. 2013b. Age, maturation, and population structure of the Humboldt squid *Dosidicus gigas* off the Peruvian Exclusive Economic Zones. Chinese Journal of Oceanology and Limnology, 31(1): 81-91.

Liu B L, Fang Z, Chen X J, et al. 2015a. Spatial variations in beak structure to identify potentially geographic populations of *Dosidicus gigas* in the Eastern Pacific Ocean. Fisheries Research, 164: 185-192.

Liu B L, Chen Y, Chen X J. 2015b. Spatial difference in elemental signatures within early ontogenetic statolith for identifying Jumbo flying squid natal origins. Fisheries Oceanography, 24 (4): 335-346.

Liu B L, Chen X J, Fang Z, et al. 2015c. A preliminary analysis of trace-elemental signatures in statoliths of different spawning cohorts for *Dosidicus gigas* off EEZ waters of Chile. Journal of Ocean University of China, 14 (6): 1059-1067.

Liu B L, Chen X J, Chen Y, et al. 2015d. Determination of squid age using upper beak rostrum sections: technique improvement and comparison with the statolith. Marine Biology, 162 (8): 1685-1693.

Liu B L, Cao J, Truesdell S B, et al. 2016. Reconstructing cephalopod migration with statolith elemental signatures: a case study using *Dosidicus gigas*. Fisheries Science, 82 (3): 425-433.

Liu B L, Chen X J, Chen Y, et al. 2017. Periodic increments in the jumbo squid (*Dosidicus gigas*) beak: a potential tool for determining age and investigating regional difference in growth rates. Hydrobiologia, 790(1): 83-92.

Liu B L, Lin J Y, Chen X J, et al. 2018. Inter-and intra-regional patterns of stable isotopes in *Dosidicus gigas* beak: biological, geographical and environmental effects. Marine and Freshwater Research, 69 (3): 464-472.

Liu Y S, Hu Z C, Gao S, et al. 2008. In situ analysis of major and trace elements of anhydrous minerals by LA-ICP-MS without applying an internal standard. Chemical Geology, 257 (1): 34-43.

Lorrain A, Argüelles J, Alegre A, et al. 2011. Sequential isotopic signature along gladius highlights contrasted individual foraging strategies of jumbo squid (*Dosidicus gigas*). PLoS One, 6 (7): e22194.

Lu C C, Ickeringill R. 2002. Cephalopod beak identification and biomass estimation techniques: tools for dietary studies of southern Australian finfishes. Museum Victoria Science Reports, 6: 1-65.

Markaida U. 2006. Food and feeding of jumbo squid *Dosidicus gigas* in the Gulf of California and adjacent waters after the 1997–98 El Niño event. Fisheries Research, 79 (1): 16-27.

Markaida U, Sosa-Nishizaki O. 2001. Reproductive biology of jumbo squid *Dosidicus gigas* in the Gulf of California, 1995–1997. Fisheries Research, 54 (1): 63-82.

Markaida U, Sosa-Nishizaki O. 2003. Food and feeding habits of jumbo squid *Dosidicus gigas* (Cephalopoda: Ommastrephidae) from the Gulf of California, Mexico. Journal of the Marine Biological Association of the UK, 83 (3): 507-522.

Markaida U, Quiñónez-Velázquez C, Sosa-Nishizaki O. 2004. Age, growth and maturation of jumbo squid *Dosidicus gigas* (Cephalopoda: Ommastrephidae) from the Gulf of California, Mexico. Fisheries Research, 66 (1): 31-47.

Markaida U, Rosenthal J J C, Gilly W F. 2005. Tagging studies on the jumbo squid (*Dosidicus gigas*) in the Gulf of California, Mexico. Fishery Bulletin- National Oceanic and Atmospheric Administration, 103 (1): 219-226 .

Markaida U, Gilly W F, Salinas-Zavala C A, et al. 2008. Food and feeding of jumbo squid *Dosidicus gigas* in the central Gulf of California during 2005-2007. CalCOFI Reports, 49: 90-103.

Martino J, Doubleday Z A, Woodcock S H, et al. 2017. Elevated carbon dioxide and temperature affects otolith development, but not chemistry, in a diadromous fish. Journal of Experimental Marine Biology and Ecology, 495 (7): 57-64.

Mejia-Rebollo A, Quiñónez-Velázquez C, Salinas-Zavala C A, et al. 2008. Age, growth and maturity of jumbo squid (*Dosidicus gigas* d'Orbigny, 1835) off the western coast of the Baja California Peninsula. CalCOFI Rep, 49: 256-262 .

Miserez A, Li Y, Waite J H, et al. 2007. Jumbo squid beaks: Inspiration for design of robust organic composites. Acta Biomaterialia, 3 (1): 139-149.

Mollier-Vogel E, Ryabenko E, Martinez P, et al. 2012. Nitrogen isotope gradients off Peru and Ecuador related to upwelling, productivity, nutrient uptake and oxygen deficiency. Deep Sea Research Part I: Oceanographic Research Papers, 70: 14-25.

Morales-Bojórquez E, Pacheco-Bedoya J L. 2016. Population Dynamics of Jumbo Squid *Dosidicus gigas* in Pacific Ecuadorian Waters. Journal of Shellfish Research, 35 (1): 211-224.

Morris C C. 1991. Statocyst fluid composition and its effects on calcium carbonate precipitation in the squid *Alloteuthis subulata* (Lamarck, 1798): towards a model for biomineralization. Bulletin of Marine Science, 49 (1-2): 379-388.

Munday P L, Hernaman V, Dixson D L, et al. 2011. Effect of ocean acidification on otolith development in larvae of a tropical marine fish. Biogeosciences, 8 (8): 2329-2356.

Neat F C, Wright P J, Fryer R J. 2008. Temperature effects on otolith pattern formation in Atlantic cod *Gadus morhua*. Journal of Fish Biology, 73 (10): 2527-2541.

Nesis K. 1970. Biology of the Peru-Chilean giant squid, *Dosidicus gigas*. Okeanology, 10: 140-152.

Nigmatullin C M, Nesis K, Arkhipkin A. 2001. A review of the biology of the jumbo squid *Dosidicus gigas* (Cephalopoda: Ommastrephidae). Fisheries Research, 54 (1): 9-19.

Ogden R S, Allcock A L, Watts P C, et al. 1998. The role of beak shape in octopodid taxonomy. South African Journal of Marine Science, 20 (1): 29-36.

Parisi-Baradad V, Lombarte A, García-Ladona E, et al. 2005. Otolith shape contour analysis using affine transformation invariant wavelet transforms and curvature scale space representation. Marine and Freshwater Research, 56 (5): 795-804.

Paulmier A, Ruiz-Pino D. 2009. Oxygen minimum zones (OMZs) in the modern ocean. Progress in Oceanography, 80 (3-4): 113-128.

Pecl G T, Moltschaniwskyj N A, Tracey S R, et al. 2004. Inter-annual plasticity of squid life history and population structure: ecological and management implications. Oecologia, 140 (2): 380-380 .

Perez J A A, O'Dor R K, Beck P, et al. 1996. Evaluation of gladius dorsal surface structure for age and growth studies of the short-finned squid, (*Illex illecebrosus*) (Teuthoidea: Ommastrephidae). Canadian Journal of Fisheries and Aquatic Sciences, 53 (12): 2837-2846.

Perez J A A, Aguiar D C d, Santos J A T d. 2006. Gladius and statolith as tools for age and growth studies of the squid *Loligo plei* (Teuthida: Loliginidae) off southern Brazil. Brazilian Archives of Biology and Technology, 49 (5): 747-755.

Post D M. 2002. Using stable isotopes to estimate trophic position: models, methods, and assumptions. Ecology, 83 (3): 703-718.

Post D M, Pace M L, Jr H N. 2000. Ecosystem size determines food-chain length in lakes. Nature, 405 (6790): 1047-1049.

Queirós J P, Cherel Y, Ceia F R, et al. 2018. Ontogenic changes in habitat and trophic ecology in the Antarctic squid *Kondakovia longimana* derived from isotopic analysis on beaks. Polar Biology, 41（12）: 2409-2421.

Radenac M H, Léger F, Singh A, et al. 2012. Sea surface chlorophyll signature in the tropical Pacific during eastern and central Pacific ENSO events. Journal of Geophysical Research: Oceans, 117（C4）: 1-15

Ramoscastillejos J E, Salinaszavala C A, Camarillocoop S, et al. 2010. Paralarvae of the jumbo squid, *Dosidicus gigas*. Invertebrate Biology, 129（2）: 172-183.

Raya C P, Hernández-González C L. 1998. Growth lines within the beak microstructure of the octopus *Octopus vulgaris* Cuvier, 1797. South African Journal of Marine Science, 20（1）: 135-142.

Robinson C J, Gómez-Gutiérrez J, de León D A S. 2013. Jumbo squid（*Dosidicus gigas*）landings in the Gulf of California related to remotely sensed SST and concentrations of chlorophyll a（1998–2012）. Fisheries Research, 137: 97-103.

Roden G I, Groves G W. 1959. Recent oceanographic investigations in the Gulf of California. Journal of Marine Research, 18（1）: 10-35.

Ruiz-Cooley R I, Gerrodette T. 2012. Tracking large-scale latitudinal patterns of δ^{13}C and δ^{15}N along the E Pacific using epi - mesopelagic squid as indicators. Ecosphere, 3（7）: 1-17.

Ruiz-Cooley R I, Markaida U, Gendron D, et al. 2006. Stable isotopes in jumbo squid（*Dosidicus gigas*）beaks to estimate its trophic position: comparison between stomach contents and stable isotopes. Journal of the Marine Biological Association of the United Kingdom, 86（2）: 437-445.

Ruiz-Cooley R I, Villa E C, Gould W R. 2010. Ontogenetic variation of δ13C and δ15N recorded in the gladius of the jumbo squid *Dosidicus gigas*: geographic differences. Marine Ecology Progress Series, 399: 187-198.

Ruiz-Cooley R I, Balance L T, McCarthy M D. 2013. Range expansion of the jumbo squid in the NE Pacific: δ^{15}N decrypts multiple origins, migration and habitat use. PLoS One, 8（3）: e59651.

Ruiz-Cooley R I, Koch P L, Fiedler P C, et al. 2014. Carbon and Nitrogen Isotopes from Top Predator Amino Acids Reveal Rapidly Shifting Ocean Biochemistry in the Outer California Current. Plos One, 9（9）: e110355.

Sakai M, Tsuchiya K, Mariategui L, et al. 2017. Vertical Migratory Behavior of Jumbo Flying Squid（*Dosidicus gigas*）off Peru: Records of Acoustic and Pop-up Tags. Japan Agricultural Research Quarterly: JARQ, 51（2）: 171-179.

Sanchez G, Tomano S, Yamashiro C, et al. 2016. Population genetics of the jumbo squid *Dosidicus gigas*（Cephalopoda: Ommastrephidae）in the northern Humboldt Current system based on mitochondrial and microsatellite DNA markers. Fisheries Research, 175（1）: 1-9.

Sandoval-Castellanos E, Uribe-Alcocer M, Díaz-Jaimes P. 2007. Population genetic structure of jumbo squid（*Dosidicus gigas*）evaluated by RAPD analysis. Fisheries Research, 83（1）: 113-118.

Sandoval-Castellanos E, Uribe-Alcocer M, Díaz-Jaimes P. 2010. Population genetic structure of the Humboldt squid（*Dosidicus gigas* d'Orbigny, 1835）inferred by mitochondrial DNA analysis. Journal of Experimental Marine Biology and Ecology, 385（1）: 73-78 .

Schwing F B. 1999. Record coastal upwelling in the California Current in 1999. CalCOFI Rep, 41: 148-160.

Semmens J M, Moltschaniwskyj N A. 2000. An examination of variable growth rates in the tropical squid *Sepioteuthis lessoniana*: a whole animal and reductionist approach. Marine Ecology Progress Series, 193: 135-141 .

Semmens J M, Pecl G T, Gillanders B M, et al. 2007. Approaches to resolving cephalopod movement and migration patterns. Reviews in Fish Biology and Fisheries, 17（2）: 401-423.

Staaf D, Camarillo-Coop S, Haddock S H D, et al. 2008. Natural egg mass deposition by the Humboldt squid (*Dosidicus gigas*) in the Gulf of California and characteristics of hatchlings and paralarvae. Journal of the Marine Biological Association of the United Kingdom, 88（4）: 759-770 .

Staaf D J, Zeidberg L D, Gilly W F. 2011. Effects of temperature on embryonic development of the Humboldt squid *Dosidicus gigas*. Marine Ecology Progress, 441: 165-175.

Stewart J S, Hazen E L, Foley D G, et al. 2012. Marine predator migration during range expansion: Humboldt squid *Dosidicus gigas* in the northern California Current System. Marine Ecology Progress Series, 471（4）: 135-150.

Stewart J S, Gilly W F, Field J C, et al. 2013. Onshore–offshore movement of jumbo squid (*Dosidicus gigas*) on the continental shelf. Deep Sea Research Part II: topical studies in oceanography, 95: 193-196.

Tafur R, Rabí M. 1997. Reproduction of the jumbo flying squid, *Dosidicus gigas*（Orbigny, 1835）(Cephalopoda: Ommastrephidae) off Peruvian coasts. Scientia Marina, 61: 33-37.

Tafur R, Villegas P, Rabí M, et al. 2001. Dynamics of maturation, seasonality of reproduction and spawning grounds of the jumbo squid *Dosidicus gigas*（Cephalopoda: Ommastrephidae）in Peruvian waters. Fisheries Research, 54（1）: 33-50 .

Taipe A, Yamashiro C, Mariategui L, et al. 2001. Distribution and concentrations of jumbo flying squid（*Dosidicus gigas*）off the Peruvian coast between 1991 and 1999. Fisheries Research, 54（1）: 21-32.

Takagi K, Yatsu A. 1996. Age determination using Statolith microstructure of the purpleback fling squid, *Sthenoteuthis oualaniensis*, in the North Pacific Ocean. Nippon Suisan Gakkaishi, 65（2）: 98-113.

Thorrold S R, Latkoczy C, Swart P K, et al. 2001. Natal homing in a marine fish metapopulation. Science, 291（5502）: 297-299.

Tuset V M, Lombarte A, González J, et al. 2003a. Comparative morphology of the sagittal otolith in *Serranus spp*. Journal of Fish Biology, 63（6）: 1491-1504.

Tuset V M, Lozano I J, González J A, et al. 2003b. Shape indices to identify regional differences in otolith morphology of comber, Serranus cabrilla（L. , 1758）. Journal of Applied Ichthyology, 19（2）: 88-93.

Ulloa P, Fuentealba M, Ruiz V H. 2006. Feeding habits of *Dosidicus gigas*（D'Orbigny, 1835）(Cephalopoda: Teuthoidea) in the central-south coast off Chile. Revista Chilena De Historia Natural, 79（4）: 475-479.

Uyeno T A, Kier W M. 2007. Electromyography of the buccal musculature of octopus (*Octopus bimaculoides*): a test of the function of the muscle articulation in support and movement. Journal of Experimental Biology, 210（1）: 118-128 .

Velázquez C Q, Herrera A H, Velázquezabunader I, et al. 2013. Maturation, Age, and Growth Estimation of the Jumbo Squid *Dosidicus gigas*（Cephalopoda: Ommastrephidae）in the Central Region of the Gulf of California. Journal of Shellfish Research, 32（2）: 351-359.

Vignon M. 2012. Ontogenetic trajectories of otolith shape during shift in habitat use: Interaction between otolith growth and environment. Journal of Experimental Marine Biology and Ecology, 420: 26-32.

Waluda C M, Rodhouse P G. 2006. Remotely sensed mesoscale oceanography of the Central Eastern Pacific and recruitment variability in *Dosidicus gigas*. Marine Ecology Progress Series, 310（8）: 25-32.

Waluda C M, Yamashiro C, Rodhouse P G. 2006. Influence of the ENSO cycle on the light-fishery for *Dosidicus gigas* in the Peru Current: an analysis of remotely sensed data. Fisheries Research, 79（1）: 56-63.

Wormuth J H. 1970. Morphometry of two species of the family Ommastrephidae. The Veliger, 13（2）: 139-144.

Yamaguchi T, Kawakami Y, Matsuyama M. 2015. Migratory routes of the swordtip squid *Uroteuthis edulis* inferred from statolith analysis. Aquatic Biology, 24（1）: 53-60.

Yatsu A, Midorikawa S, Shimada T, et al. 1997. Age and growth of the neon flying squid, *Ommastrephes bartrami*, in the North Pacific Ocean. Fisheries Research, 29（3）: 257-270.

Yatsu A, Tafur R, Maravi C. 1999. Embryos and rhynchoteuthion paralarvae of the jumbo flying squid *Dosidicus gigas*（Cephalopoda）obtained through artificial fertilization from Peruvian Waters. Fisheries Science, 65（6）: 904-908.

Young J. 1960. The statocysts of *Octopus vulgaris*. Proceedings of the Royal Society of London B: Biological Sciences, 152（946）: 3-29.

Yu W, Chen X J. 2018. Ocean warming-induced range-shifting of potential habitat for jumbo flying squid *Dosidicus gigas* in the Southeast Pacific Ocean off Peru. Fisheries Research, 204: 137-146.

Yu W, Yi Q, Chen X J, et al. 2016. Modelling the effects of climate variability on habitat suitability of jumbo flying squid, *Dosidicus gigas*, in the Southeast Pacific Ocean off Peru. ICES Journal of Marine Science, 73（2）: 239-249.

Yu W, Yi Q, Chen X J, et al. 2017. Climate-driven latitudinal shift in fishing ground of jumbo flying squid（*Dosidicus gigas*）in the Southeast Pacific Ocean off Peru. International Journal of Remote Sensing, 38.（12）: 3531-3550.

Zacherl D C, Paradis G, Lea D W. 2003. Barium and strontium uptake into larval protoconchs and statoliths of the marine neogastropod Kelletia kelletii. Geochimica et Cosmochimica Acta, 67（21）: 4091-4099.

Zeidberg L D, Robison B H. 2007. Invasive Range Expansion by the Humboldt Squid, *Dosidicus gigas*, in the Eastern North Pacific. Proceedings of the National Academy of Sciences, 104（31）: 12948-12950 .

Zepeda-Benitez V Y, Morales-Bojórquez E, López-Martínez J, et al. 2014a. Growth model selection for the jumbo squid *Dosidicus gigas* from the Gulf of California, Mexico. Aquatic Biology, 21（3）: 231-247.

Zepeda-Benitez V Y, Morales-Bojórquez E, Quinonez-Velazquez C, et al. 2014b. Age and growth modelling for early stages of the jumbo squid *Dosidicus gigas* using multi-model inference. California Cooperative Oceanic Fisheries Investigations Report, 55: 197-204 .

Zumholz K, Hansteen T H, Piatkowski U, et al. 2007a. Influence of temperature and salinity on the trace element incorporation into statoliths of the common cuttlefish（*Sepia officinalis*）. Marine Biology, 151（4）: 1321-1330.

Zumholz K, Klügel A, Hansteen T, et al. 2007b. Statolith microchemistry traces environmental history of the boreoatlantic armhook squid *Gonatus fabricii*. Marine Ecology Progress Series, 333: 195-204.